図解 50代からのプログラミング

―――未開の能力を発掘♪―――

高橋与志 著

リックテレコム

はじめに

「なんだかプログラミングが気になる」という中高年の方々へ

「プログラミングとウェブサイトの違いがわからない」
「人工知能とかフィンテックとか気になる」
「ブログを書くと、お金を稼げるの？」

私の運営する「中高年のためのプログラミング教室」を訪れる中高年の方々は、まず、こんなことを恐る恐る質問なさいます。

毎日のように、テレビでは人工知能の番組を放送し、新聞や雑誌は自動運転やブロックチェーンの話題を報じています。また、小中学校でプログラミングが必修になると聞けば、自分だけが取り残されてしまうのではないか、という不安にかられても無理はありません。

◆自分自身、プログラミングとどう向き合うべきかが見えない
◆何を聞いても訳がわからず、何をどうしたらよいか、見当もつかない！

このような状態に、多くの中高年が陥っているのではないでしょうか。

小中学生とは違い、社会経験や人生経験を積んだ方々がこのようなモヤモヤを解消するためには、以下の作業が必要だと私は思っています。

◆まず、世の中におけるＩＴやプログラミングの全体像を把握すること

その上で、次の２つを整理します。

◆あなたのこれまでの経験とスキル
◆あなたがこれからやりたいことと、セカンドキャリアのビジョン

これらを踏まえたうえで、自分とＩＴとの位置関係や、これから自分がＩＴを学ぶ意味や目的を考察するという作業です。

しかし、これらを冷静に行うのは容易なことではありません。情報が溢れ、人工知能などの専門的な話と、自分で手を動かし勉強しながら、アプリやウェブサイトを作る話がごっちゃになりがちです。さらに、「人生一〇〇年時代」のキャリア論やリカレント教育の話も加わり、どこから手をつけてよいのかわからなくなってしまうからです。

本書が想定する読者像

このような背景のもと、本書では以下のような中高年の方々を読者として想定しています。

◆ウェブサイトとプログラミングの違いがわからない方
◆そもそもパソコンの使い方に自信がない方
◆人工知能やブロックチェーンといった最新のＩＴ用語が気になる方
◆自分のセカンドキャリアにとって、プログラミングを学ぶことにどんなメリットがあるか知りたい方

一言でいうと「ＰＣの使い方に自信はないけれど、プログラミングは気になる中高年」でしょうか。「自分とＩＴとの位置関係が見えず、モヤモヤしている中高年」でもあります。

本書のねらい

このような中高年読者の方々のために、本書は以下のねらいを元に構成されています。

ねらい1　まずは知っておくとよい全体像を提示

何も知らない中高年の方でも、ＩＴとプログラミングの全体像をサッと見渡せるようにしました。まずは「自分なりのイメージを持つ」ことが大切です。

ねらい2　中高年の生の声と満足度を優先

筆者が運営する「中高年のためのプログラミング教室」に通う生徒の皆さんから実際にいただいた、気になる語句や、誤解しやすいポイントを優先して説明します。教科書的・体系的な知識を伝える技術書ではありません。あくまで、何も知らない中高年の方々が「そうそう、これが知りたかった！」と満足できる構成を目指しました。

ねらい3　喩え話とコードの併用

拙書『教えて♪ プログラミング』では、1行もプログラムコードを書かず、喩え話だけで、プログラミングの原理を解説しました。本書も同じく「料理」の喩え話を展開しますが、料理の手順を「コードでも表現」し、より具体的なプログラミングのイメージをわかりやすくお伝えします。

ねらい4　気になる最新技術やトピックをコラムでカバー

「初心者には基本が大事」と分かってはいても、流行りのＩＴ用語は気になるものです。私もクラスの休憩時間などに、よく生徒の方々から質問されます。とはいえ、あくまで好奇心レベルであり、本格的な解説を求めてのことではありません。そこで私の運営するスクールでは、最新技術やトピックを噛み砕いて解説するワークショップを定期的に開催し、好評を得ています。本書も同じ主旨で、皆さんの気になる最新技術やトピックを、各章末尾のコラムで取り上げています。その際、本章での基礎解説と、できるだけつながりのある題材を選ぶようにしました。

中高年こそプログラミング

小中学生や大学生が、プログラミングを学ぶのも大いに結構です。しかし、人生一〇〇年時代に「さてこれからどうしよう」と思っている中高年の方々にこそ、学ぶメリットがあると私は確信しています。但し、プログラミングを学べば定年後に「エンジニアとして独立できる」という意味ではありません。

そうではなく、中高年の皆さんが過去の豊富な経験によって既に持っている、現実に解決すべき課題や、ビジネス現場で確実にニーズのあるネタを、ＩＴやプログラミングを使って活かして欲しいのです。

ＩＴやプログラミングは「道具」に過ぎません。仮に子供が道具を覚えても、何に、いつ、どう使ったらよいかは、なかなかわかりません。どうしても試行錯誤になりがちで、効率が悪いのです。その点中高年の皆さんであれば、すぐに現場で役に立つようなプログラミングの活用方法を思いつくことができると思います。

そのアイデアには、売上何百億円とか、起業してマスコミが注目するような派手さはないかもしれません。しかし、いくら「地味」で「マニアック」でも、大きな強みがあります。それは、あなた自身が以下のことを「知っている」という事実です。

◆確実にニーズがあることを「実体験」から知っている
◆顧客になってくれそうな候補を具体的に知っている
◆一〇〇万円程度の売上なら、具体的にイメージできる

このような提案こそ、今の日本社会が渇望しているものです。これらを礎として勤務を続けるのも好し、転職するも好し、小さく事業を始めるも好しです。いずれにしても、残りの人生を活き活きと過ごす契機となるに違いありません。

あなたの経験を「一般的な価値」へバージョンアップする

あなたが「学習と成長」を続ける人間であることを証明する

中高年がプログラミングを学ぶメリットは、この2点に尽きるだろうと最近思うようになりました。人生一〇〇年時代とはいえ、全員が社会で活躍し続けることはできません。近い将来、五〇歳から七〇歳の転職市場が大きく発展すると私は確信していますが、その市場で鍵となるのは、自分の経験を「一般的な価値」に落とし込んでいるかどうか、あなたが「学習と成長」を続ける人間かどうかだと思います。

あなたにとって本書が、これらを目指すための、「入場切符」となれば大変嬉しく思います。

本書では、皆さんがこの全体像を、順を追って理解できるよう、以下の構成になっています。

本章：ITビジネスとプログラミングの全体像

◆ ITリテラシーの初歩……1章
◆ プログラミングの初歩……2，3，4章
◆ ウェブサイトの初歩……5章
◆ ITビジネスの始め方……6章
◆ プログラミングの始め方……7章

コラム：最新技術とトピックの紹介

◆ 人工知能・機械学習・IoTなど……コラム1，3，4，7
◆ ウェブマーケティング……コラム5
◆ ITビジネスとセカンドキャリア……コラム6
◆ MacかWindowsか……コラム2

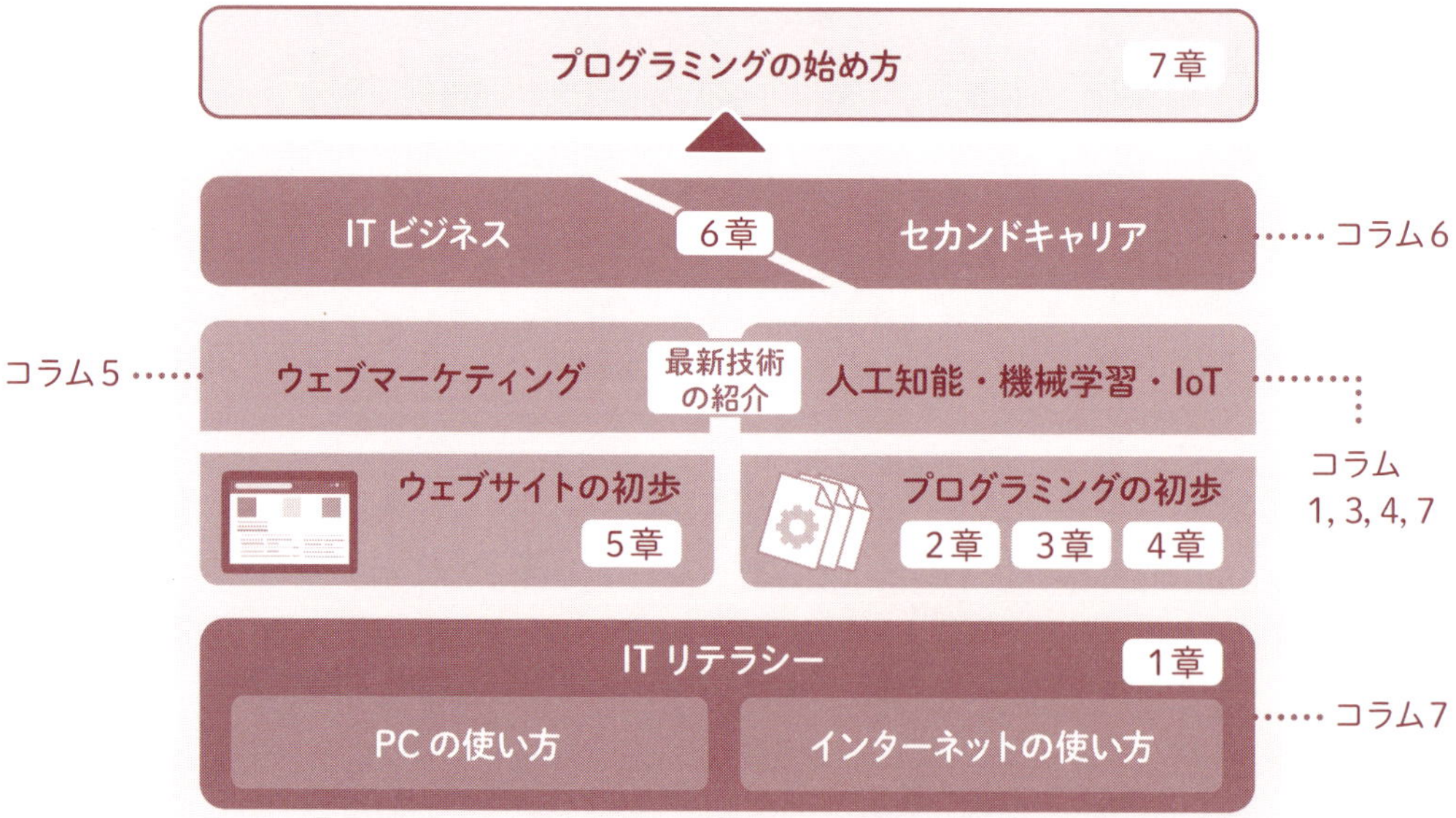

IT ビジネスとプログラミングの全体像、および本書の構成

各章では、最低限押さえておくべき初歩の知識を解説し、それに続くコラムでは、最新技術とトピックをカバーしています。

本書の特徴とゴール

本書のテーマは「中高年の方に必要なIT・プログラミングの知識を、図解でわかりやすく網羅する」ことです。

図解中心とすることで、誰にでもとっつきやすくしました。また、一つ一つの話題を独立させ、できるだけ見開き単位に完結させました。そのため、順番どおりに読む必要がなく、まるで図鑑のように、興味のある箇所から入れるようにしました。

しかし、これらの工夫には、副作用も懸念されます。わかりやすさの半面、全体がバラバラに見えてしまい、個々の話題やコラム記事の関連性が見えづらくなってしまうかもしれないのです。

そこで「本書の特徴、全体構成、ゴール」を先に整理しておきます。事前にこれらを知ってから読めば、より大きな効果が得られるでしょう！

本書の特徴

特徴1　**あっという間に全体像がわかる！**　……初歩から最新技術までを網羅

特徴2　**図解中心なので、サッと学べてイメージを掴める！**

特徴3　**中高年にとってのメリットをリアルに解説！**

特徴1　あっという間に全体像がわかる！　……初歩から最新技術までを網羅

「まえがき」でも述べたように、多くの中高年の皆さんは、「ウェブサイトとプログラミングの違いがわからない」とか「PCの使い方に自信がない」など、色々な気持ちや情報が混じり合い、モヤモヤした状態にありがちです。

そこで私がいつも最初にお話するのは、右の図のような「ITビジネスとプログラミングの全体像」です。この全体像を示してご説明すると、皆さんとても安心してスッキリなさいます。ここで腹落ちして初めて、「プログラミングを少しずつ勉強してみよう」という気持ちと行動に結びつくことが、筆者の体験からわかっています。

特徴2　図解中心なので、サッと学べてイメージを掴める！

興味のあるページから、パラパラと読み進めてOKです。「最初から最後まで読まないと内容を理解できない」という本ではありません。

最初は図だけを見て、なんとなくイメージを掴むだけでも十分です。但し、「何のトピックで出てくる図なのか」だけは常に意識するようにしてくださいね。

そうして全体像とイメージを掴んでから、本文の内容を読むとよいでしょう。

特徴3　中高年にとってのメリットをリアルに解説！

「中高年でもプログラマーになれる」とか「好条件で転職できる」といった、安易な夢は語りません（コラム６で詳しく述べます）。中高年である筆者自身の体験と、多数の中高年の方々を支援してきた経験に基づく「リアルなメリット」、つまり「誰にも現実に起こりうるメリット」をご紹介しています。

人生経験豊富な方々には、現実に即したお話のほうが勉強のモチベーションが高まりますので、本書でもそうしています。あまりにもリアルすぎて「夢がない」と感じるかもしれませんが、賢明な中高年読者の方々にはご理解いただけると思います。

本書のゴール

中高年の皆さんがITビジネスとプログラミングの全体像を知り、勉強することのメリットやセカンドキャリアへの活かし方をイメージできるようになること。

50代がプログラミングを始めるきっかけとなる！

図解 50代からのプログラミング　目次

第3章 料理でプログラミング(1)

実際の調理　アルゴリズム（レシピ）とデータ（材料）
―順次実行・分岐・繰り返し―

第4章

料理でプログラミング(2)
データベース（冷蔵庫）でのデータ（材料）の扱い

第5章

ウェブサイトの見た目と表示

第6章 作りたいものを作りながら稼ぐ！

第7章 プログラミングの始め方

第1章

ITの全体像

Point3 ウェブの仕組み

▶▶ブラウザとサーバーの関係

インターネット上のサーバーからウェブサイトを表示させたり、ウェブサービスを使うための仕組みを理解しましょう。

Point4 PHPによるプログラミング

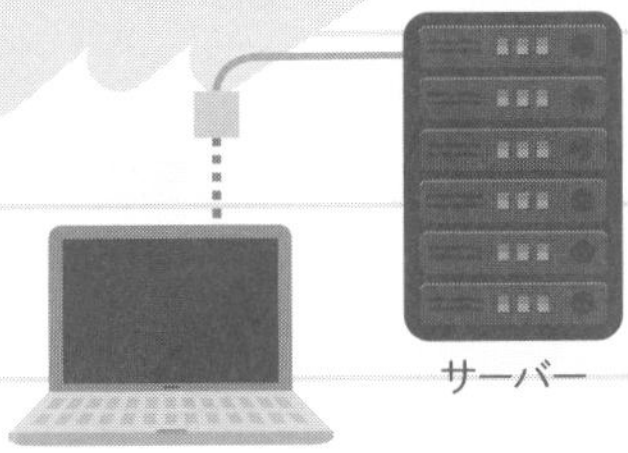

PHPによるHTMLの動的生成の仕組みを解説し、プログラミングの作業イメージを学びます。

Point5 言語の全体像

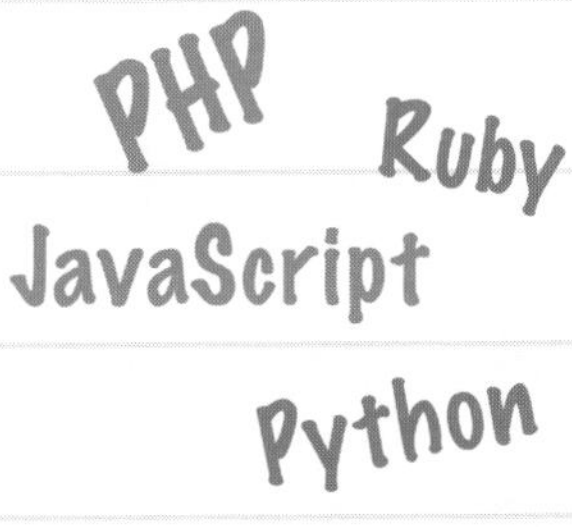

PHP、JavaScriptなど、さまざまな「プログラミング言語」の種類と特徴について解説します。

1

ITの全体像をとらえる 5つのポイント

まずはあなたのPCとインターネットの関係を理解しましょう。
次にプログラミングの基礎となるサーバーとウェブの仕組みを紹介します！

Point 1 あなたのPCとインターネットの関係

▶▶ PCはインターネット国での労働ビザのようなもの

インターネットを楽しむとき、あなたはPCとスマホ、どちらを使うことが多いですか？　ここではそれぞれの特性について学びます。

Point 2 あなたのPCの中身と役割を理解しよう

▶▶アプリケーションとファイル

普段何げなく使っているPCの中身はどうなっているのでしょうか。ExcelやWordなどのアプリケーションや、それを使ってできたファイルを使いこなす仕組みを理解しましょう。

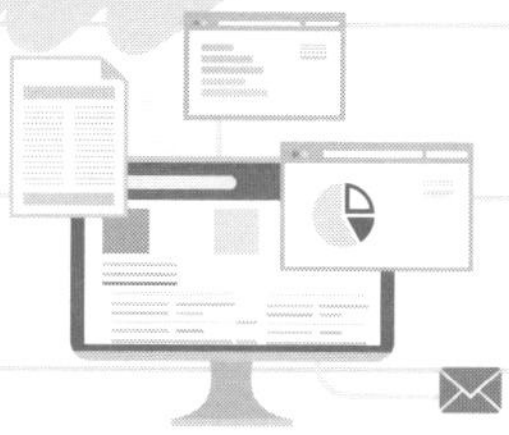

1

01

あなたのＰＣとインターネットの関係

▼▼ＰＣはインターネット国での労働ビザのようなもの

インターネットとは？

インターネットとは、大学や企業、政府などが管理しているサーバー同士が相互につながっているネットワークのことを言います。

◆無料で
◆世界中の万人に対して
◆オープンに提供されている

これらの特徴により、世界の人々の生活やビジネス、社会の在り方を大きく変えたのは皆さんご存知の通りです。

特に、皆さん個人が世界に対してビジネスを行ったり、自分の好きなことをブログやユーチューブ（YouTube）などで、気軽に安価に発信できるようになったことは、素晴らしいことだと思います。

スマホはインターネット国への最初のパスポート

最近ではその素晴らしいインターネットの世界に最初に触れるのはスマホ、という人が大多数かもしれません。つまりスマホは、インターネット国に入るための最初のパスポート、といえるでしょう。

あなたのスマホをインターネットに接続することで、次のようなことが可能になります。

◆グーグル（Google）で世界中の情報を検索する
◆アマゾン（Amazon）で買い物する
◆アップル（Apple）ストアで音楽や映画を楽しむ
◆フェイスブック（Facebook）で世界中の友達と交流する
◆電子メールやスカイプ（Skype）でコミュニケーションをとる

このような「使う・見る・楽しむ」ことを最初にスマホで経験した後に、より大きな画面のタブレットや細かい設定のしやすいＰＣを場面に応じて使い分けるようになる、というケースが今後更に一般的になると思います。

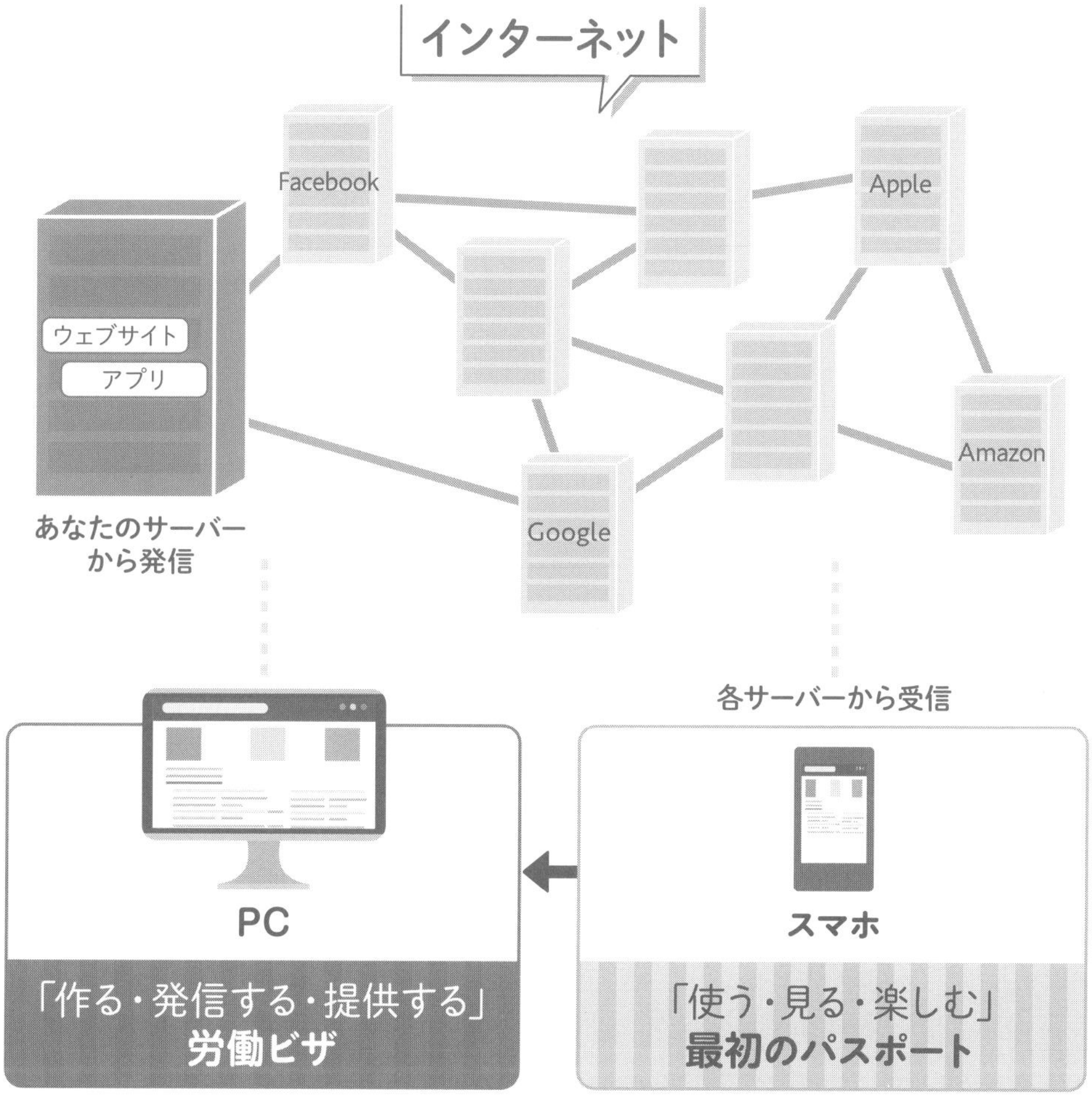

PCはインターネット国での労働ビザのようなもの

このようにスマホを入り口としてインターネットの「楽しさ」を知ったあなたは、今度は自分でもプログラミングを通じてウェブサイトやアプリを作りたくなるかもしれません。

そういったインターネット上のサービスや情報を「作る・発信する・提供する」ために最適な道具は現段階ではPCと言えます。いわばPCはインターネット国で仕事をするための労働ビザとも言えるでしょう。

もちろんスマホでも発信はできますし、PCでも使ったり楽しんだりすることはできます。また今後状況は変わって行くとは思いますが、現段階においては、それぞれこのような適性があると考えておくとわかりやすいと思います。

1

02

あなたのPCの中身と役割を理解しよう

▼▼アプリケーションとファイル

まずはPCの中身を理解しよう！

インターネットやプログラミングのお話をする前に、まずは皆さんのPCの中身をご説明しますね。

自分の手元にあるPCのことを通常「ローカルPC」と呼びます。これは「インターネットにつながっていない」独立した単独の機器（ハードウェア）という意味で使います。

このローカルPCの中身は、大きく2つに分けることができます。

◆アプリケーション格納エリア
◆ファイル格納エリア

アプリケーション格納エリア

アプリケーション格納エリアには、様々なアプリケーション（いわゆるソフト）が入っていますが、ここでは以下の例をご紹介します。

◆ワード（Word）／エクセル（Excel）など
ビジネス用途によく使われている文書作成や表計算用アプリケーション

◆画像・動画編集アプリ
画像のサイズ変更や切り取り、動画に字幕や音楽をつけるためのもの

◆ブラウザ：グーグルクローム（Google Chrome）／サファリ（Safari）／マイクロソフトエッジ（Microsoft Edge）など
主にウェブサイトを閲覧するためのもの

ファイル格納エリア

アプリケーション上で作成・編集するファイルを格納するエリアのことです。それらファイルには、書類や画像、動画などのファイルがあり、そのファイルの種類別にフォルダが用意されています。

特殊なフォルダとして「ダウンロードフォルダ」があります。これは、皆さんがインターネット上から文書や画像などのファイルをダウン

PCの中身と実際の作業イメージ

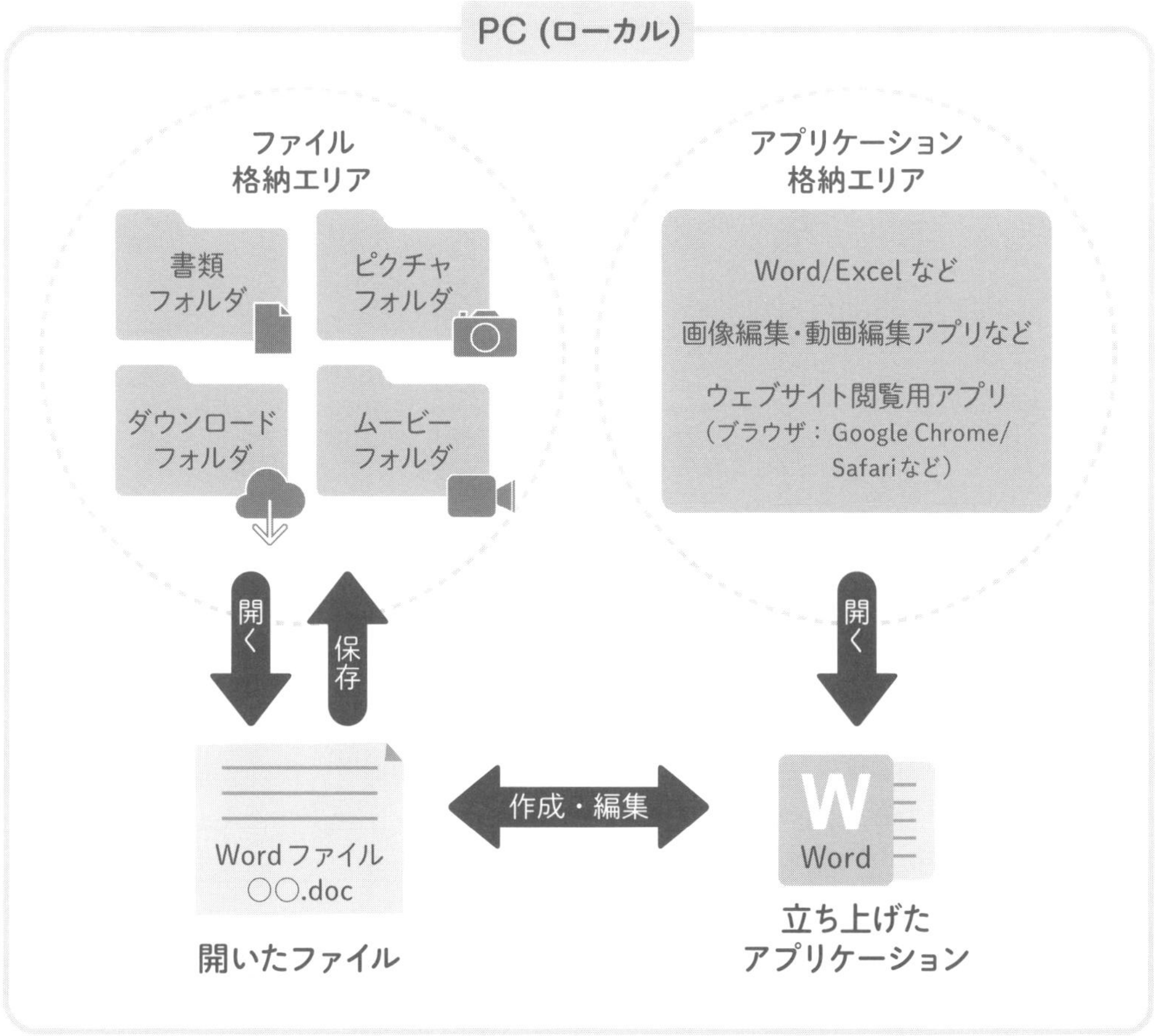

ロードした際に自動的に保管される場所のことです。

あくまでも一時的な保管場所ですので、ダウンロード後には、書類やピクチャなどそれぞれふさわしい保管場所に移動しておきましょう。

また「デスクトップ」という場所もありますが、ここもファイルの格納場所ではなく、（一時的な）作業場所です。使い終わったファイルは「書類フォルダ」などに移動しておく習慣をつけましょう。作業場となる机の上は、常に何もない状態にしておくのが望ましいのです。

ファイルの作成と編集

ファイルの作成と編集はそれぞれのファイルの種類に応じて、アプリケーションを立ち上げて行います。

作業終了後、保存することでファイルがファイル格納エリア内のフォルダに保管される仕組みです。

1

03 ウェブの仕組み

ブラウザとサーバーの関係

ブラウザとサーバーの関係
～リクエストと応答

インターネット上のサーバーからウェブサイトを表示させたり、ウェブサービスを使うための仕組みを解説します。

あなたのPC（ローカル）のブラウザが、サーバーとのやり取りをするための窓口となります。

ブラウザにサイトやサービスのURLを打ち込んでサーバーにリクエストを送信することがスタートになります。

そのリクエストを受け取ったサーバーが処理を行い、生成したHTMLデータをブラウザに渡します（応答）。

ブラウザが受け取ったHTMLデータを元に画面を表示する、というのが基本の流れです。

◆ブラウザ

URLを渡す（リクエスト）

◆サーバー

HTMLを渡す（応答）

と覚えておきましょう。

サーバーでの処理の流れ

サーバーの中での処理をもう少し詳しく見てみましょう。

サーバーには次の3つのソフトウェアが存在しています。ややこしいのですが、これらは「機械的なサーバー」の中に設置されたソフトウェアのことを指します。

❶ウェブサーバー
❷アプリケーションサーバー
❸データベースサーバー

ブラウザからリクエストされたURLを受け取る窓口の役割をするの

ブラウザとサーバーの関係

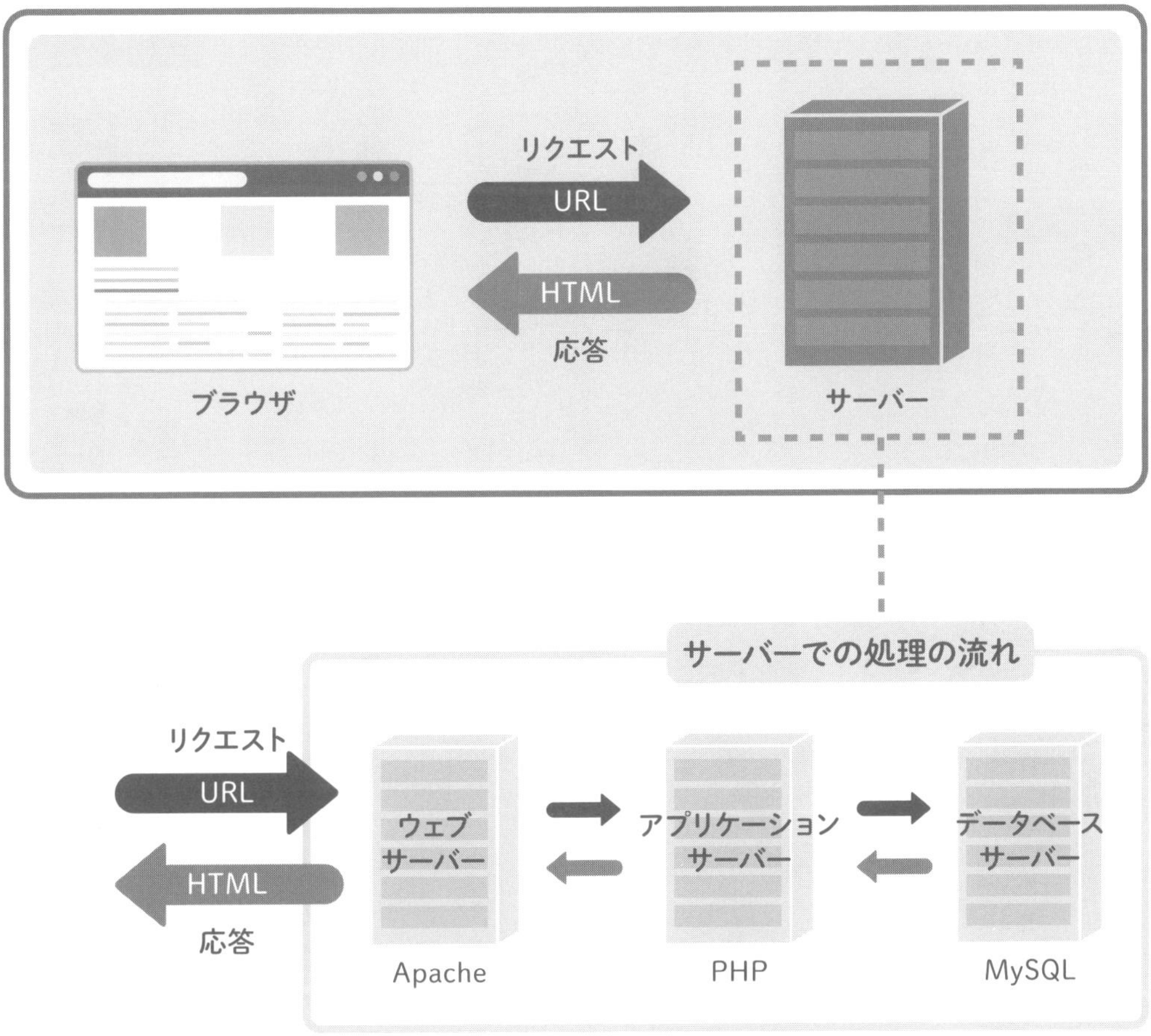

が「ウェブサーバー」（今回の例ではアパッチ／Apache）です。

そのリクエストによって指定されたプログラムファイルを実行する役割をするのが「アプリケーションサーバー」（今回の例ではＰＨＰ）です。

また、プログラムの実行の際に、必要なデータを取得したり、保存したりする役割をするのが「データベースサーバー」（今回の例ではＭｙＳＱＬ）です。

最終的には、アプリケーションサーバーが処理して生成したＨＴＭＬデータをウェブサーバーからブラウザに渡す、という流れになります。

1

04

PHPによるプログラミング

PHPによるHTMLの動的生成

前述の「URLによって指定されたプログラムファイルを実行してHTMLを生成する」とは、具体的にはどのような意味なのでしょうか？ここでは、PHPを例に解説します。

PHPというプログラミング言語によって書かれたファイルのことを「PHPファイル」と呼びます。通常「プログラミングする」というのは、このように「何らかのプログラミング言語でプログラムファイルを書くこと（コーディング）」を指します。

このPHPファイルを実行するための「アプリケーションサーバー（実行エンジン）」がPHPです。PHPファイルをPHPによって実行、処理することで、HTMLデータが動的に生成される仕組みです。

なお、ここで説明したブラウザとサーバーの関係は、PCでもスマホでも原則同じです。

プログラミングを行う場所と方法

ファイルとアプリケーションの関係を理解したところで、今度はプログラミングを行う場所と方法について学びましょう。

通常、プログラミングはあなたのPC（ローカル）で行います。その際、プログラミングを行うための専用のテキストエディター（Sublime text ／ Atomなど）を使用します。

基本的にはプログラミングを行うためのワードのようなものだと思ってください。

このテキストエディターを使ってワードで行ったのと同様、ファイルの作成・編集を行います。この作成されたファイルを「プログラム」あるいは「プログラムファイル」と呼びます。

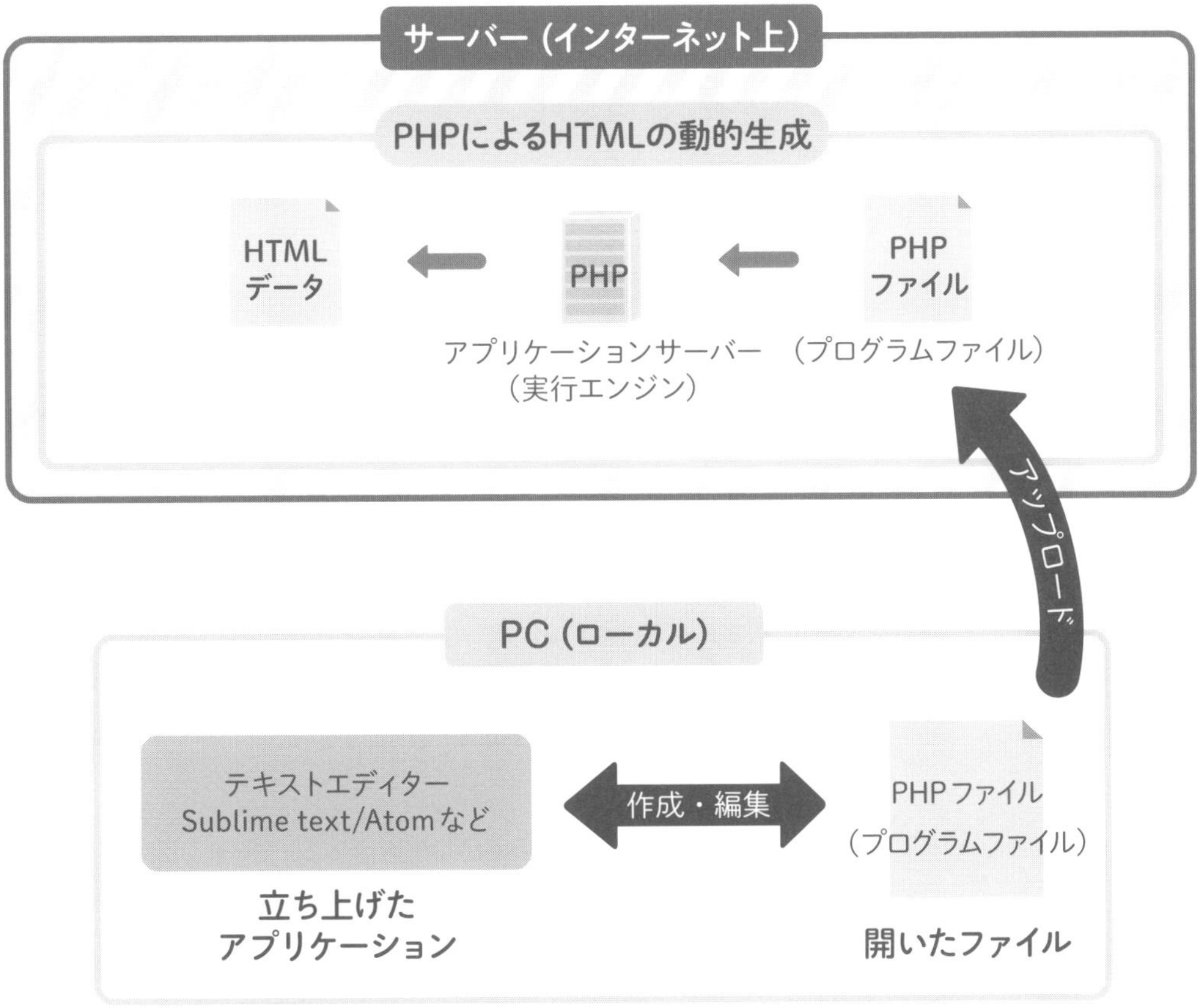

実際の作業のイメージ

プログラムファイルの格納場所はサーバー

プログラムファイルは一旦あなたのPC（ローカル）に保存しますが、実際にプログラムを動かすためにはインターネット上のサーバーにアップロードする必要があります。

1

05 言語の全体像

ここでは皆さんがとても知りたい疑問の一つ、「プログラミング言語」の種類と特徴についてお話ししましょう。

プログラミング言語

プログラミング言語とは、プログラミングの処理の根幹である「アルゴリズム」と「データ」を扱うための言語であると言えます。

◆PHP

元々ウェブページを動的に生成するために作られた言語であるため、ＨＴＭＬとの相性が良く、比較的習得も楽なわかりやすい言語です。

◆ルビー（Ruby）

日本人が開発したことで有名です。開発がしやすい設計と、処理をより効率よく行うことができる点が人気となっています。また、ルビー・オン・レイルズ（Ruby on Rails）という仕組みの登場により、動的なウェブページの開発に多く使われるようになっています。

◆パイソン（Python）

シンプルさと書きやすさを旨としてプログラマーの作業性を重視して開発された言語で、海外のウェブサービスでもよく使われている言語です。最近では、機械学習や統計処理を行うための言語として非常に注目されています。

◆ジャバ（Java）

昔からのシステムや企業などの大規模システムでよく使われている言語です。かっちりしていて安定した開発ができますが、手順が多くとっつきにくい面もあります。

ウェブサイトを表示するための言語

ブラウザを使って、画面に文字や写真、音声やアニメーション、ボタン、検索窓などを表示するための言語です。

◆HTML

タグという仕組みで見出しや箇条書き、ボタンやフォーム作成などを行うことができます。

言語の全体像

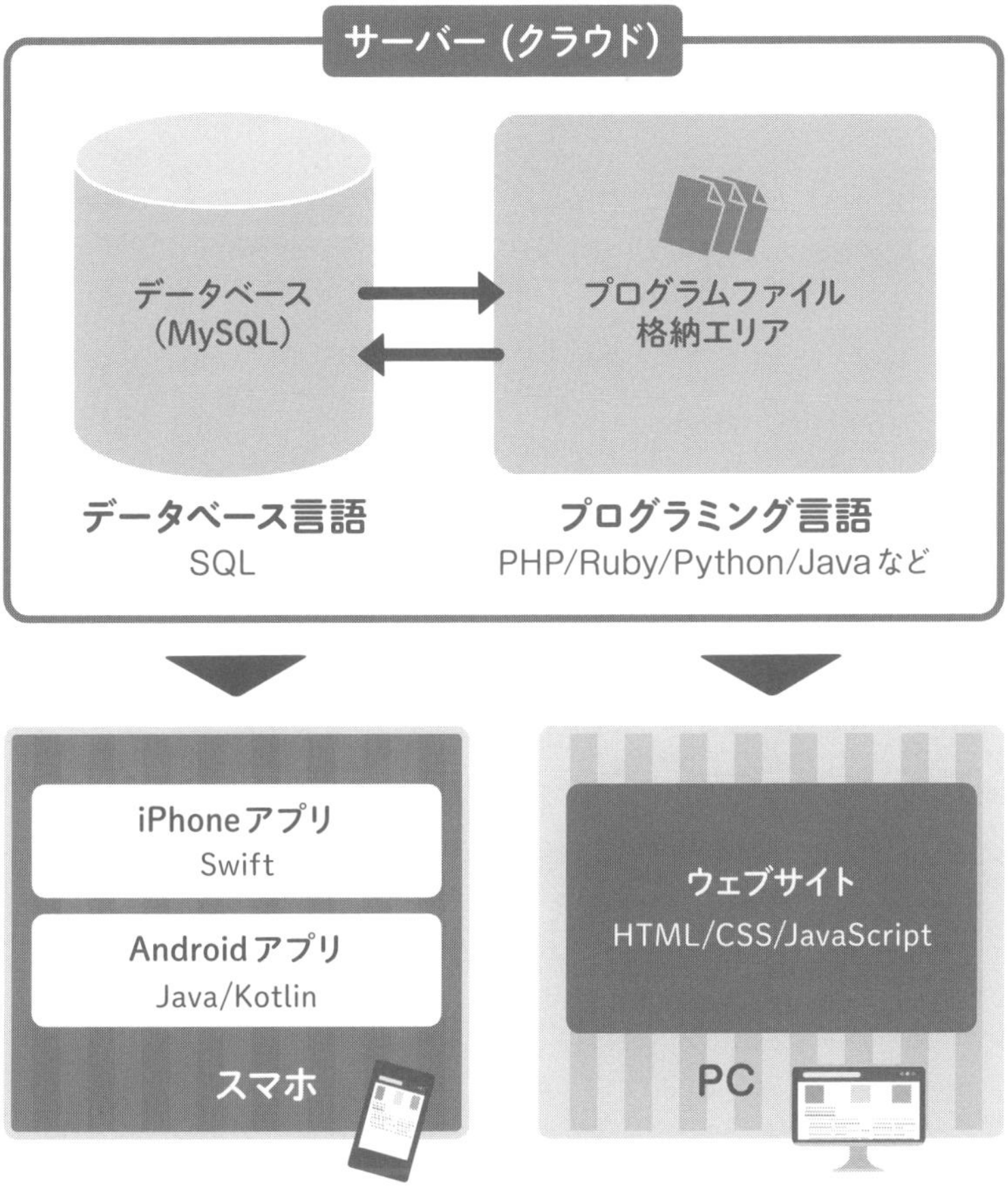

◆CSS

ウェブサイトの色やレイアウトなどのデザインを行うための言語です。デザインテンプレートを作るイメージですね。

◆ジャバスクリプト（JavaScript）

主にブラウザ上で動くプログラミング言語として有名で、ウェブサイトに動きをつけることができます。画像がスライドしたり、マウスをあてるとリストメニューが出てきたりします。現代のウェブサイトでは必須の機能です。

スマホアプリの開発言語

◆アイフォーン（iPhone）アプリ

アイフォーンアプリ作成にはアップル社が専用に開発したスウィフト（Swift）という言語を使用します。

◆アンドロイド（Android）アプリ

アンドロイドアプリ作成にはジャバ（Java）あるいはコトリン（Kotlin）を使います。

これらスマホアプリのことを、それぞれのデバイス上で直接動く「ネイティブアプリ」と呼びます。

❸ ビッグデータ

これら、インターネットを通じてサーバー上に蓄積された大量のデータは、「ビッグデータ」と呼ばれます。ビジネス活動において、ユーザーや顧客とサービスとの間で生じる、全ての履歴が含まれます。

❹ 機械学習と人工知能

ビッグデータを人工知能（機械）に学習させると、何らかの傾向や共通点を見つけ出すことができます。そうした法則性のあるモデルを見つけ出すことを「機械学習」と呼びます。

機械が見出したそのモデルに実際のデータをインプットすると、分析の結果として、例えば「雨の土曜日の夕方には雑誌がよく売れる」といったインサイトを導き出せます。

そうして得られたインサイトをAmazonやNetflix等のビジネスロジックに組み込むと、あなたの好みや生活習慣に合った商品や動画をリコメンドしてくれるというわけです。

なお、人工知能と機械学習の詳細はコラム03でご紹介します。

❺ 最新のITビジネス活動

このように現代のビジネスは最新のビッグデータに基づいて、常にアルゴリズム（ビジネスロジック）をアップデートしてサービス内容を最適化させ続けることを目指しています。

このモデルを各業界に当てはめたものを「〇〇テック」と呼んでいるのです。

- 金融業界　：FinTech
- 教育業界　：EdTech
- 農業　：AgriTech
- 医療分野　：MedTech

やってることは基本的に同じです。その点は是非わかってくださいね。

サービスからビッグデータを Input ➡ 機械学習でアルゴリズムを Output
➡ インサイトの発見 ➡ サービスのビジネスロジックを最適化し続ける

名前だけの「なんちゃってテック」も日本には多いのですが、読者の皆さんは、違いがわかるようになってくださいね！

column 01

最新IT技術の全体像

ここでは皆さんが気になっている IT 技術の全体像をご説明しますね。
図のように関連付けて理解するとグッと楽にわかりますよ！

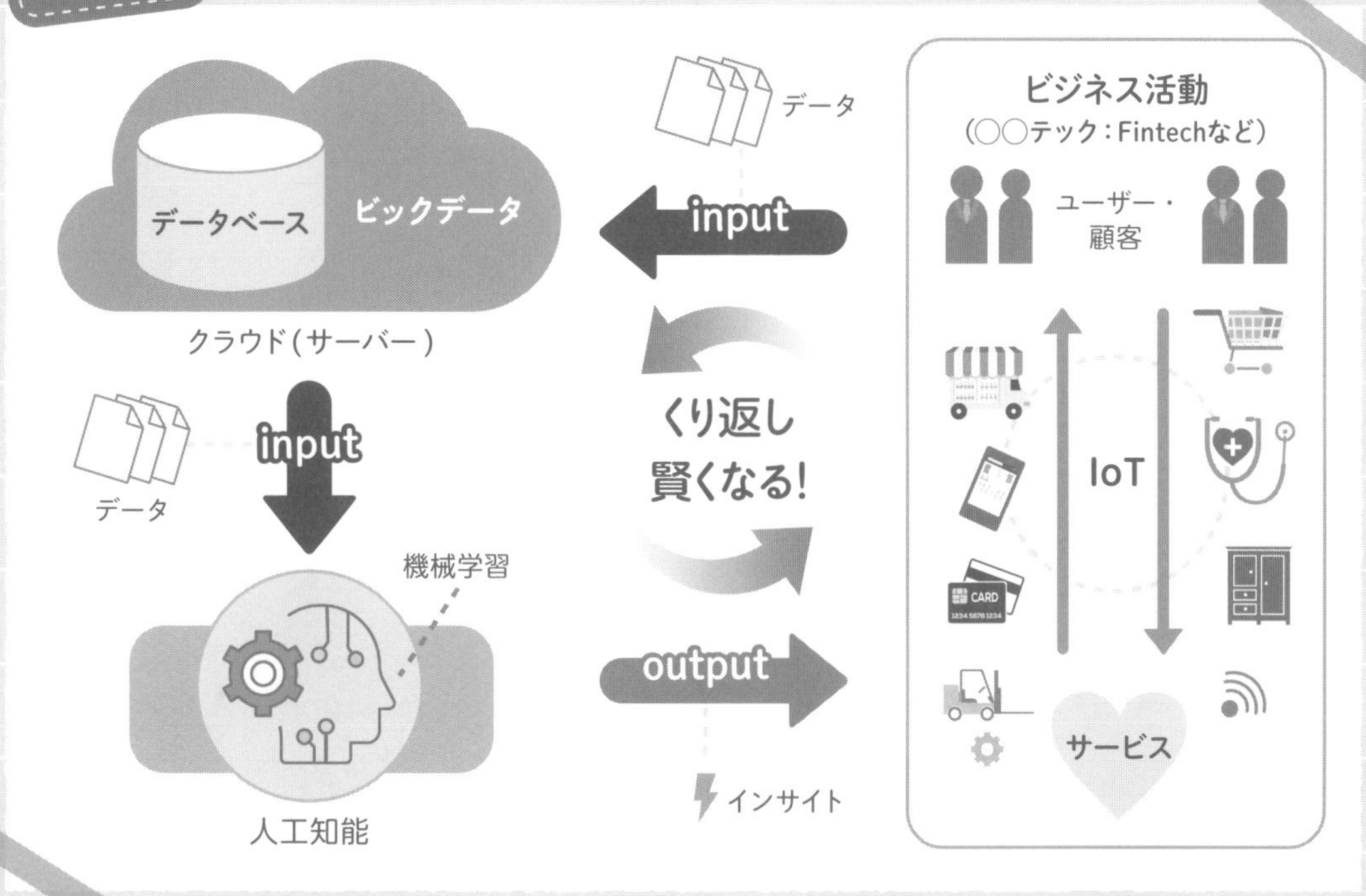

❶ ネットサービスからのデータ

皆さんの買い物や旅行の申し込み、聴いた音楽や見た動画、検索履歴や閲覧したサイトに至るまで、あらゆる情報がサービス提供者のサーバーに蓄積され、彼らのビジネス上の資産となります。

GAFA（Google, Amazon, Facebook, Apple）が最も多くのネット上の情報を蓄積し、競争優位としていることはご存知ですよね。

❷ リアルサービスからのデータ（IoT）

今後はネット上の活動だけでなく、「全てのモノがインターネットにつながる」と言われています。それがIoT（Internet Of Things）です。 自動車、家電製品、監視カメラ、自動改札、自販機などから集めたデータが、どこかのサーバーに蓄積されていきます。これらの機器やモノの使用履歴や環境情報（温度、明るさ、音、匂い、重さ、方向など）を集めるための素子のことを「センサー」と呼びます。今日では、多種多様なセンサーの情報を、インターネットを通じて送受信する技術が整っています。

第2章

プログラミングとは

Point3 アルゴリズムとは?

▶▶目的達成のためのロジックとストーリー

「アルゴリズム」とは目的達成のためのロジック、ストーリーで、
①順次実行　②分岐　③繰り返しによって作られています。

Point4 アルゴリズムの3つの構成要素

▶▶順次実行・分岐・繰り返し

①順次実行　②分岐　③繰り返しを料理のレシピに喩えて、わかりやすく解説します。

Point5 データを扱う3つの道具

▶▶変数・関数・配列

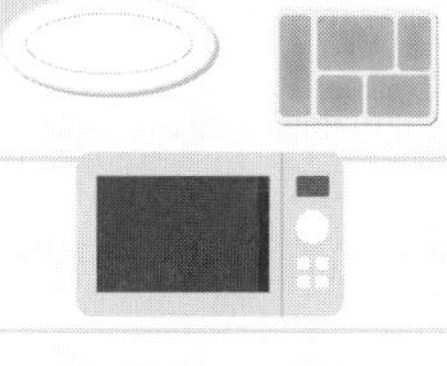

「データの扱い」のための3つの道具、①変数　②関数　③配列を料理に喩えて紹介します。

Point6 データベースを扱う4つの方法

▶▶参照・新規保存・上書き保存・削除

データをデータベースで扱う4つの方法、①参照　②新規保存
③上書き保存　④削除について学びます。

2

プログラミングをとらえる6つのポイント

ITの全体像をInputとOutputの視点で捉え、
プログラミングを構成する2つの要素
「アルゴリズム」と「データ」の扱い方の基礎を学びます。

Point1 InputとOutputで考えよう！

ITの事象をInput（入力）とOutput（出力）の視点で考えてみます。

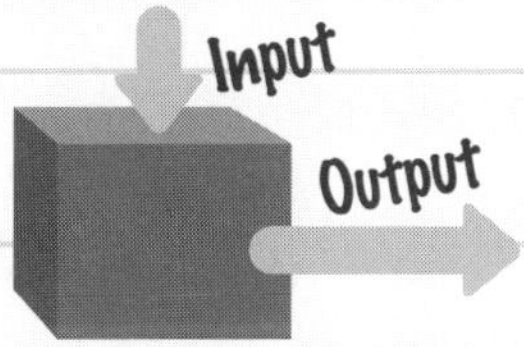

Point2 プログラミングとはアルゴリズムとデータである！

プログラミングとは目的達成のために①アルゴリズム（処理）を設計し、②その過程で必要なデータを扱うことだとを理解しましょう。

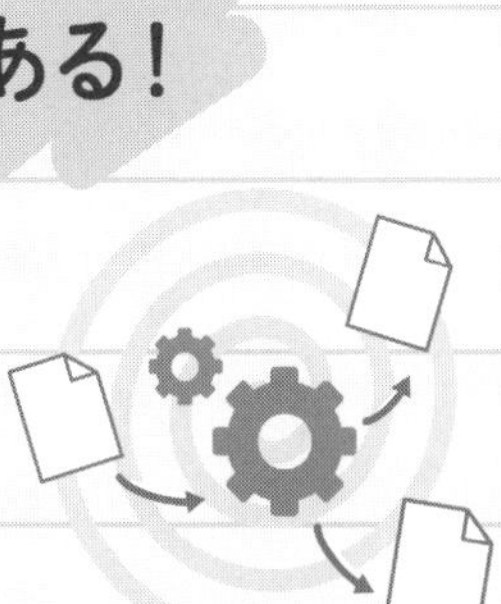

2

01

Input《インプット》とOutput《アウトプット》で考えよう！

ＩＴの全体像を理解しよう！

みなさんはこんな悩みをお持ちではないですか？

◆ウェブサイトとプログラミングの違いがよくわかっていない

◆アプリやホームページは作ってみたいけど、どこから勉強していいかわからない

◆人工知能やＩｏＴが自分の生活や仕事にどのような意味があるかがわからない

気になる分野にだけ、手を出したくなる気持ちはわかるのですが、まずはＩＴの全体像を「ざっくりと」理解した上で、自分にとって必要な分野を検討するのがお勧めです。

以下の内容を、私の中高年向けのスクールで15分ほどでお話ししているのですが、とてもわかりやすい、と評判です。

プログラミングとウェブサイトの表示

ＩＴの事象はＩｎｐｕｔ「入力」とＯｕｔｐｕｔ「出力」で考えるとわかりやすいです。この両者を橋渡しするのが「処理」になります。

そして「処理」の部分がプログラミングで、「出力」の1つの形態がウェブサイトの画面表示です。

もう少し専門的な言葉で言うと、「入力」されるのは「データ」で、そのデータを「処理」するためのロジック・ストーリーのことを「アルゴリズム」と呼びます。

アルゴリズムはプログラムの中に記述されます。そして、これらを組み立てることをプログラミングと言い、そのプログラムを記述するための言語の1つにＰＨＰという言語があるのです。

「出力」の例の1つにウェブサイトの画面表示があるとお話しましたが、詳しく言うと、プログラムから出力されたＨＴＭＬデータを使って、ブラウザが画面表示を行っています。

ITの全体像はInputとOutputで理解できる

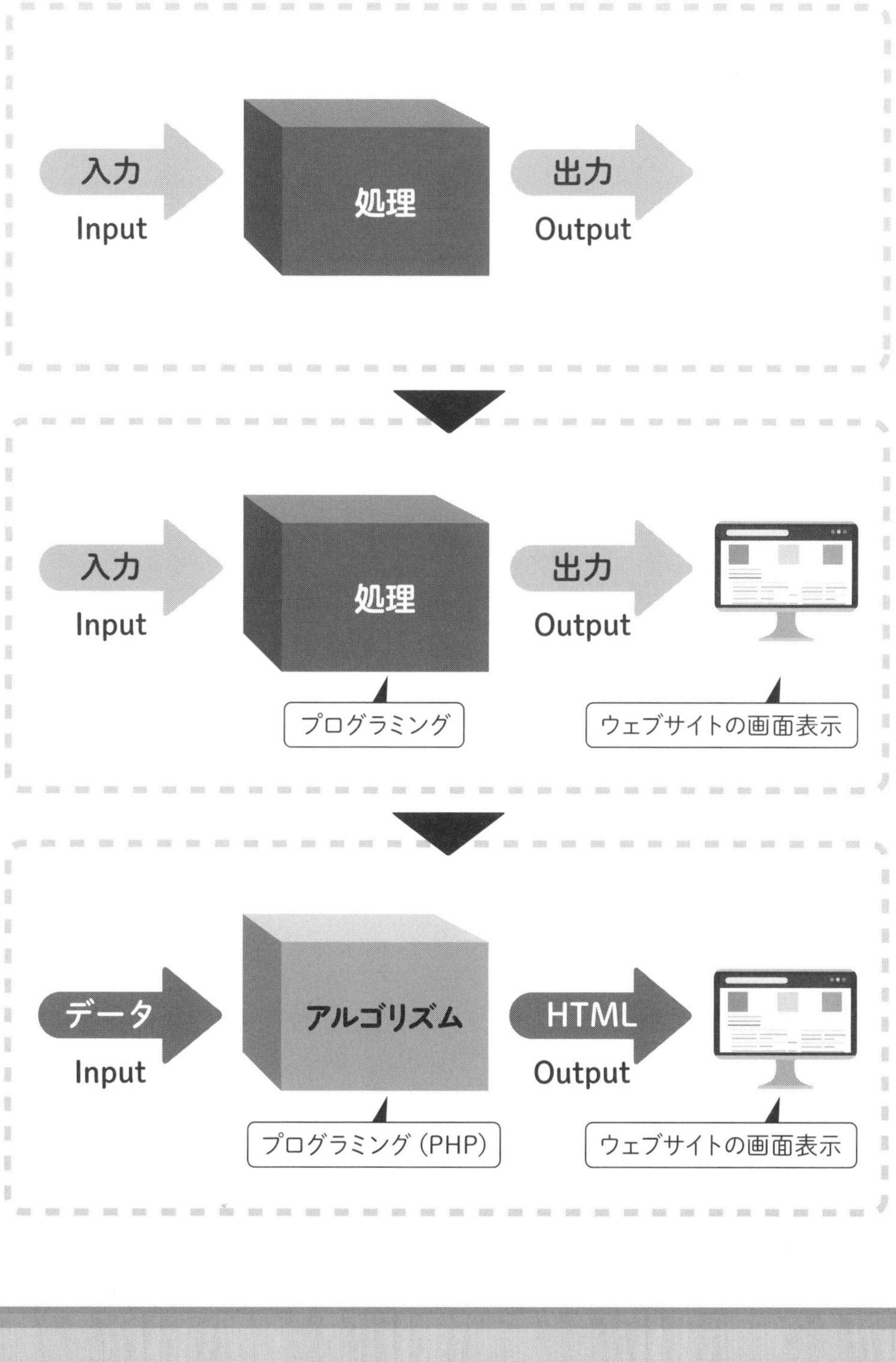

事例 Google検索

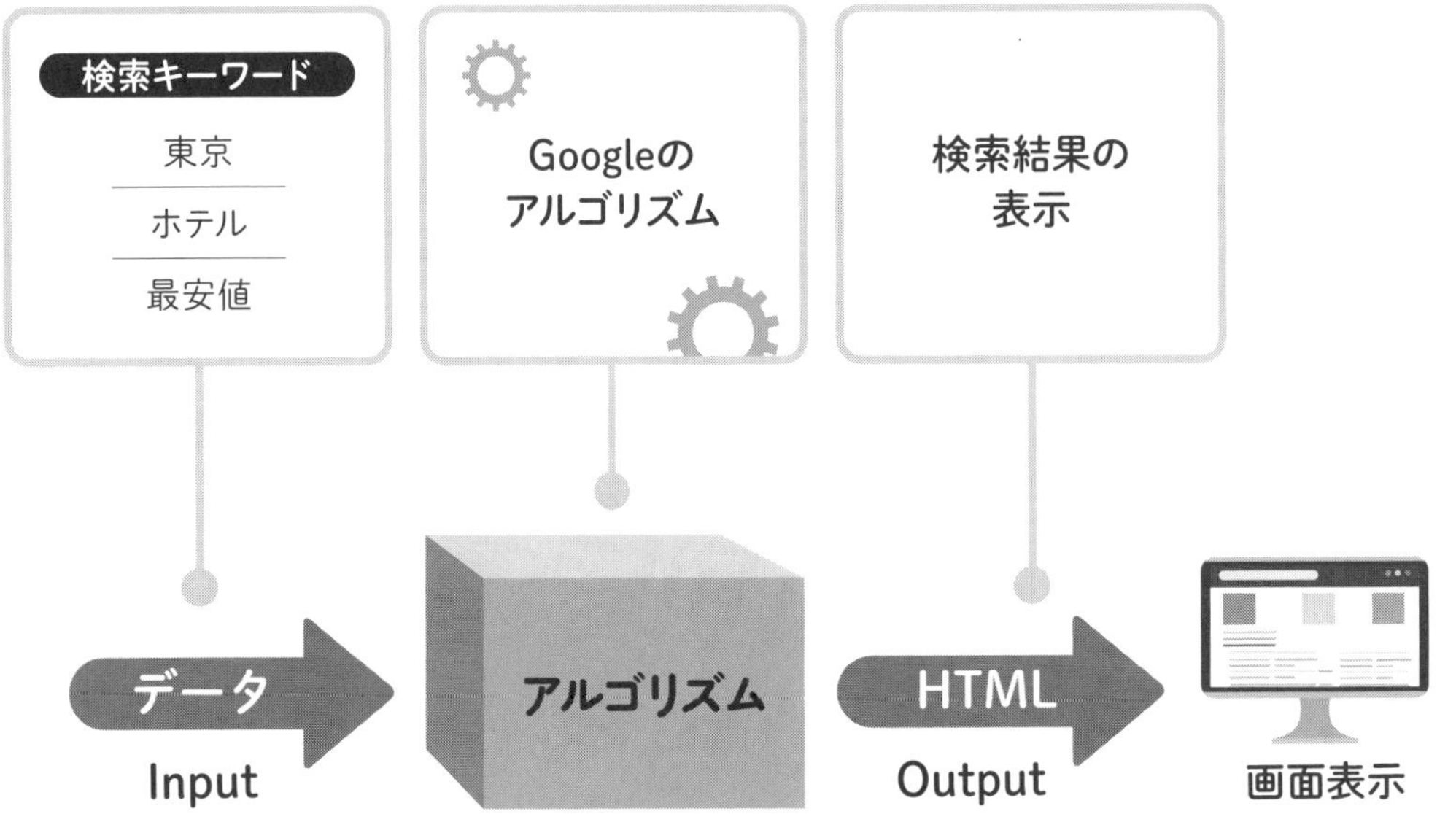

皆さんが日頃行っているGoogle検索を例に説明しましょう。皆さんが「東京の安いホテルを知りたい」という目的をもっていたとして、Googleの検索窓にキーワードを入力しますよね。この場合の入力する検索キーワード（東京 ホテル 最安値）がInput（入力）されるデータとなります。

そしてGoogleのシステムの中にあるアルゴリズムで処理を行い、あなたの「目的達成に最も役立ちそうな」サイトを優先順位の高い順に記述したHTMLをOutput（出力）し、画面表示するのです。

事例 IoT農場

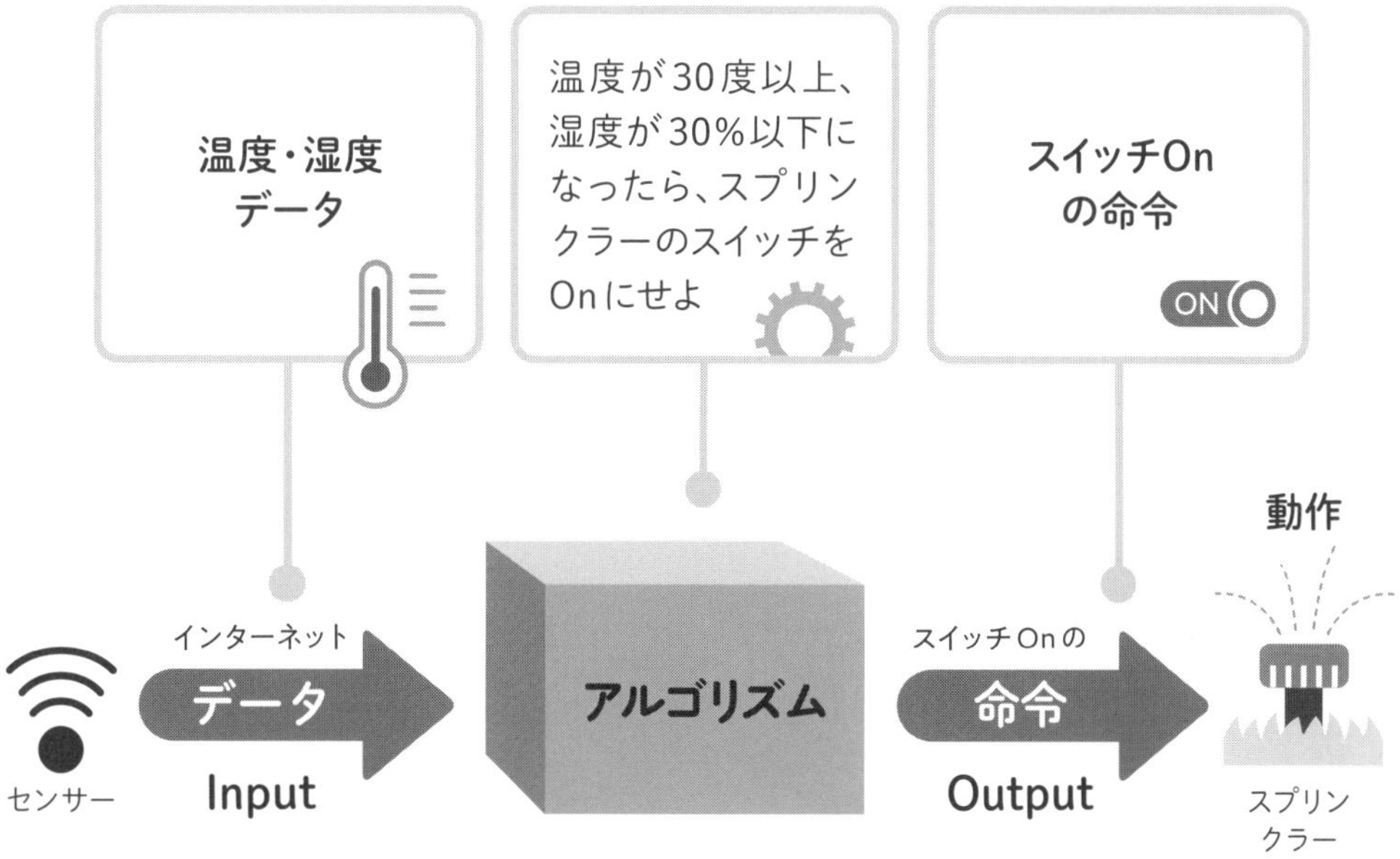

この考え方で最新のITの事象も説明できることを実感しましょう。

▶▶ IoT

農場に温度湿度センサーを設置し、自動的にスプリンクラーで散水する仕組みを考えてみます。

センサーから送られる温度と湿度の「データ」がインターネットを通じてシステムにInput（入力）され、「温度が30度以上、湿度が30%以下になったら、スプリンクラーのスイッチをOnにせよ」というアルゴリズムを実行するとします。その条件に合った場合に、「スプリンクラーのスイッチをOnにする」という命令がOutput（出力）されスプリンクラーが動作します。

これらの事例にあるように、アルゴリズムの結果によってOutput（出力）されるものには様々な形態があり、私たちが最終的に目にする結果には「画面の表示」以外にも「動作」「音」など様々なものがあり得ることを覚えておきましょう。

2

02 プログラミングとはアルゴリズムとデータである！

プログラミングとは

プログラミングとは目的達成のために、次の2つを行うことです。

❶アルゴリズム（処理）を設計し
❷その過程で必要なデータを扱う

第1章で述べたように、データをＩｎｐｕｔ（入力）し、それをアルゴリズムで処理した結果をＯｕｔｐｕｔ（出力）するのでしたよね。

Ｏｕｔｐｕｔ（出力）されるものには様々な形態があり、私たちが最終的に目にする結果には、以下のような様々なものがあります。

◆画面を表示する
◆音をだす
◆振動させる
◆機械を動かす（例：ロボット）
◆次の処理の入力として渡す

画面表示以外にもＯｕｔｐｕｔの形態があることを意識しておいてくださいね！

料理はプログラミングだ

本書では、皆さんにわかりやすくプログラミングの世界を体験していただくために、「料理」に喩えて学んでいきます。

これから皆さんと一緒に「すき焼き」を作っていきましょう！

達成したい目的
「すき焼き」を作る。

Ｉｎｐｕｔ（入力）
データにあたるのが、牛肉・ねぎ・しらたき・豆腐などの食材です。

アルゴリズム（処理）
「すき焼き」を作るための調理方法、手順を示した「レシピ」がこの場合のアルゴリズムにあたります。

Ｏｕｔｐｕｔ（出力）
美味しい「すき焼き」ですね！

「すき焼き」を作る！

データ
（食材）

▼ **Input**（入力）

アルゴリズム
（レシピ）

レシピ

1. 牛肉を解凍
2. ねぎを切る
3. 豆腐を切る
4. 牛肉を切る
5. 牛肉をいためる

▼ **Output**（出力）

処理結果
（すき焼き）

2

03 アルゴリズムとは？

▼▼目的達成のためのロジックとストーリー

プログラミングの華

プログラミングやＩＴに接していると、妙に忘れられない語感の言葉に出会うことがあります（ミトコンドリア的な！）。

「アルゴリズム」

この言葉はその代表格と言ってもいいでしょう。プログラミングの本質を表す「プログラミングの華」とも言える言葉ですので、是非覚えておいてくださいね。

目的達成のための ロジックとストーリー

ではアルゴリズムとは何かと問われたら、目的達成のための「ロジックとストーリー」と言うことができます。

目的が「すき焼きを作る」であれば、すき焼きをつくるための調理方法、すなわちレシピがアルゴリズム、ということになります。

そのレシピ（アルゴリズム）に従えば、誰が作っても同じすき焼きが再現可能である、というところがポイントです。

３つの制御構造

そしてアルゴリズムは驚くべきことに、以下の３つの仕組みだけで組み立てることができるのです。

❶順次実行
処理を上から順番に実行する。

❷分岐
ある条件によって実行する処理を場合分けする。

❸繰り返し
同じ「処理」を繰り返し実行する。

この３つだけでＮＡＳＡのロケットも月まで飛んで行くんです！

すき焼きのアルゴリズム（レシピ）ロジックとストーリー

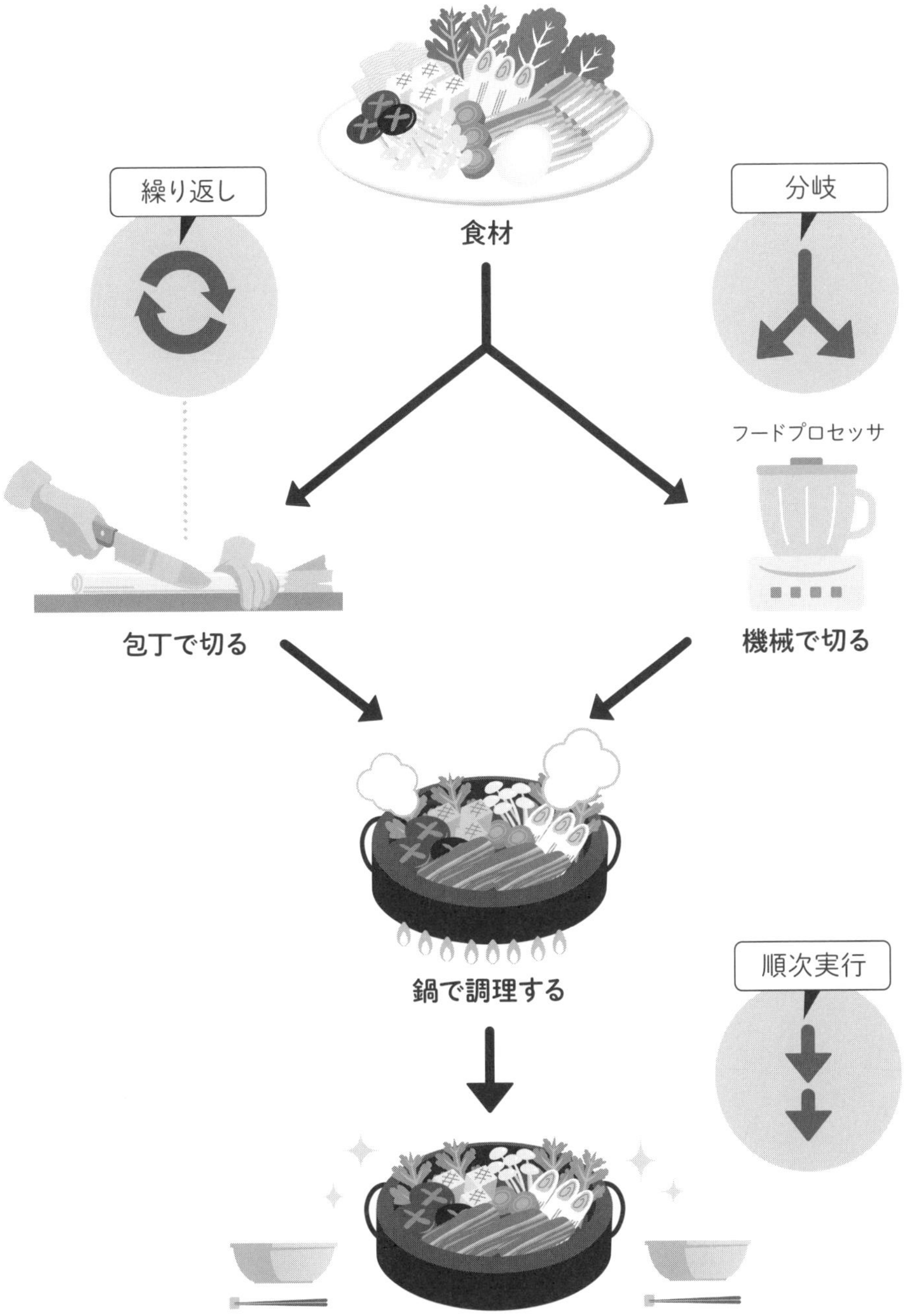

2

04 アルゴリズムの3つの構成要素

▼▼順次実行・分岐・繰り返し

では、実際の「すき焼き」のレシピ（アルゴリズム）を使って、3つの制御構造をイメージしていきましょう。

順次実行

順次実行を「すき焼き」のレシピで言うと、左の絵のように調理方法を順番に実行することです。

分岐

分岐とは、条件によって2種類の異なる処理が実行されることを言います。左の場面のような分岐をイメージしていただけるとよいと思います……。

ってよくないし！　処理AとBは本来逆ですよね（笑）！　お父さんゴメンナサイ。

繰り返し

同じ「処理」を繰り返し実行することです。

ここで言う「継続条件」とは繰り返しの処理を続けるための条件を定義するためのものです。

もし長ねぎ自体の長さが10㎝だとしたら、処理は3回（3㎝×3回＝9㎝、残りの長ねぎは1㎝）繰り返されて終了することになります。

アルゴリズムの3つの構成要素

順次実行

鍋にたれを入れる　食材を入れる　鍋を加熱する

分岐

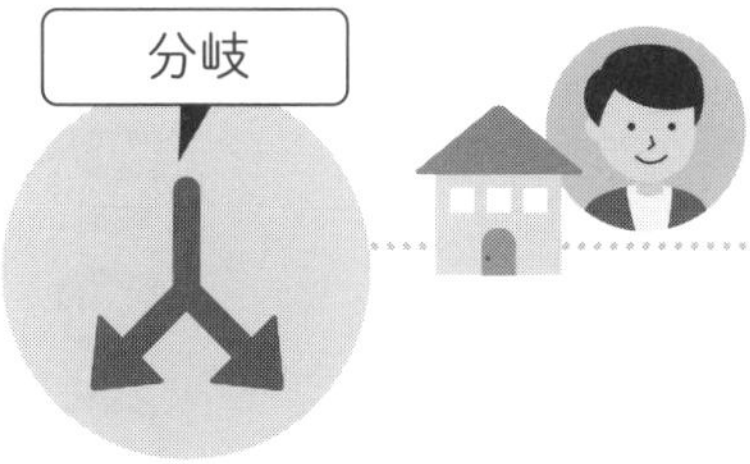

条件

お父さんが家にいるかどうか

いる　いない

処理A●安い冷凍牛肉を使う　処理B●高級国産和牛を使う

繰り返し

処理

長ねぎを3 cmの長さに切る

継続条件　残りの長ねぎの長さが3 cm以上あるかどうか

2

05

データを扱う3つの道具

▼▼変数・関数・配列

「アルゴリズム」の3つの構成要素について学んだところで、今度はプログラミングのもう一つの柱である「データ」を扱うための3つの道具について紹介します（PHP言語を想定した説明になっています）。

変数 ～データの入れ物

プログラミングではデータを運んだり、処理したりする場合にデータを剥《む》き出しの状態で扱うことはできず、変数という器に入れて扱うルールになっています。

料理の材料もカップや皿などの容器に入れて扱いますよね。切った牛肉を一旦入れておく「お皿」をイメージしてみてください。

関数 ～決まった処理をする道具

データに対して、決まった処理をする道具のことを「関数」と言います。料理の世界では調理器具に喩えることができます。

電子レンジ（解凍関数）

処理…凍った食材を解凍します。

フードプロセッサ（みじん切り関数）

処理…食材をみじん切りにします。

Aを入れたらBが出る、データを変換するブラックボックスのイメージです。

配列 ～データを整理するトレイ

データの入れ物である変数には原則1つのデータしか入れておくことができません。複数のデータを効率よく整理しておくために「配列」という道具が用意されています。

よく料理番組で、複数の食材を1つのトレイに入れて運んできますよね。あのような「仕切りのついたトレイ」をイメージしてください。

データを扱う3つの道具

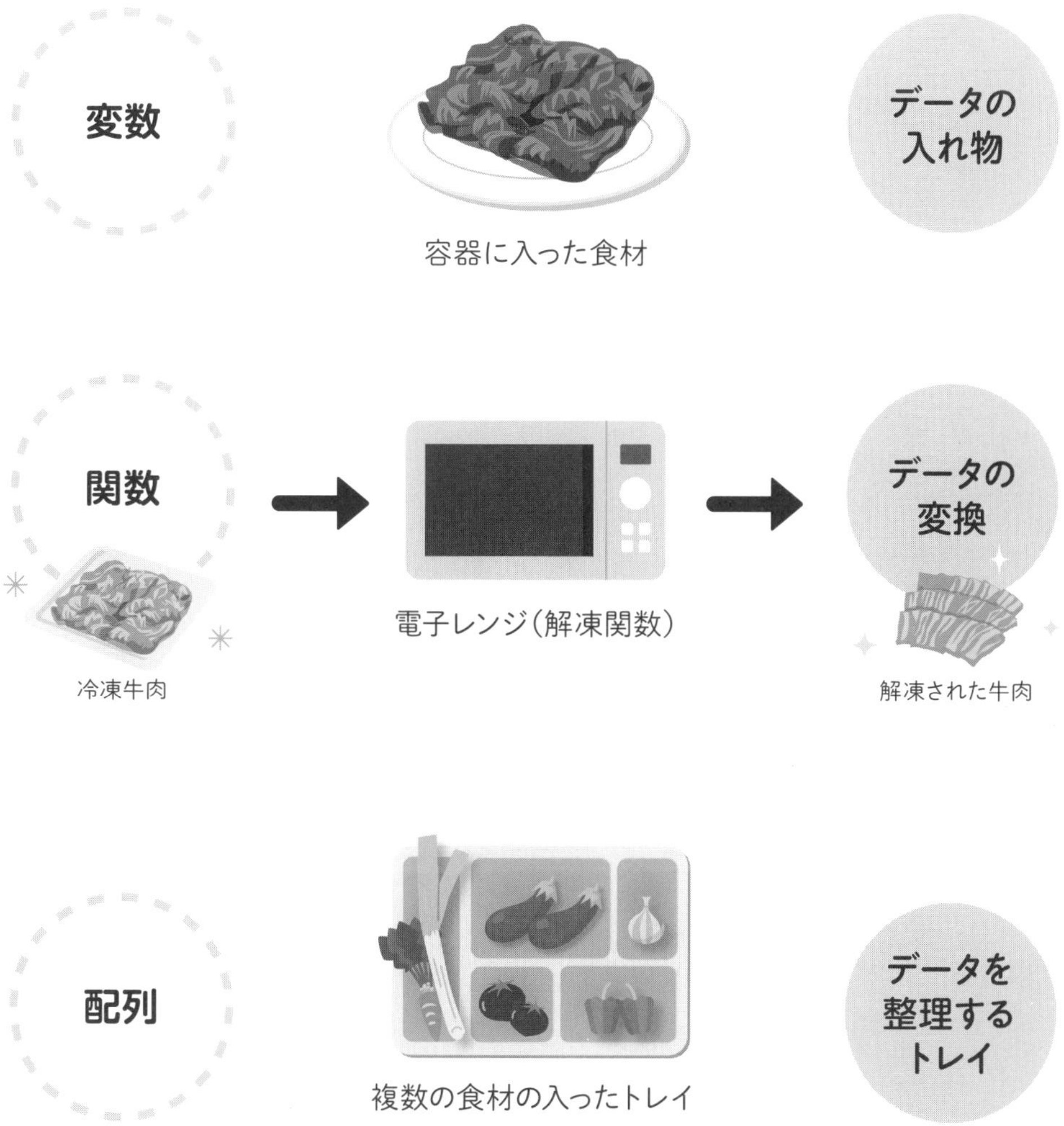

2

06

データベースを扱う4つの方法

▼▼参照・新規保存・上書き保存・削除

今度はデータを保管しておく場所「データベース」でのデータの扱い方についてお話しします。

データが「食材」だとすると、データベースは「冷蔵庫」と考えるとわかりやすいですよ！

参照 ～データの取得

冷蔵庫を開いて、食材を探したり、取り出したりする行為をイメージしてみてください。

データを探したり（参照）、取り出したりする（取得）ことを指します。

新規保存

これは簡単。食材を冷蔵庫に保管するのと同じで、データをデータベースに新規に保存する事を言います。

皆さんがワード（Word）などのファイルをPCに最初に保存するときも「新規保存」を行っていますよね。あれと同じです。

上書き保存

冷蔵庫からマヨネーズを取り出して使った後にまた戻しますよね。あのイメージです。編集・修正されたデータを再び保存します。

作成済のワードファイルを編集後に「上書き保存」するのと同じです。

削除

これも簡単。冷蔵庫から食材を取り出して捨ててしまうことです。これもワードのファイルなどをPCから削除したことのある方はイメージしやすいですよね！

データベースは冷蔵庫！

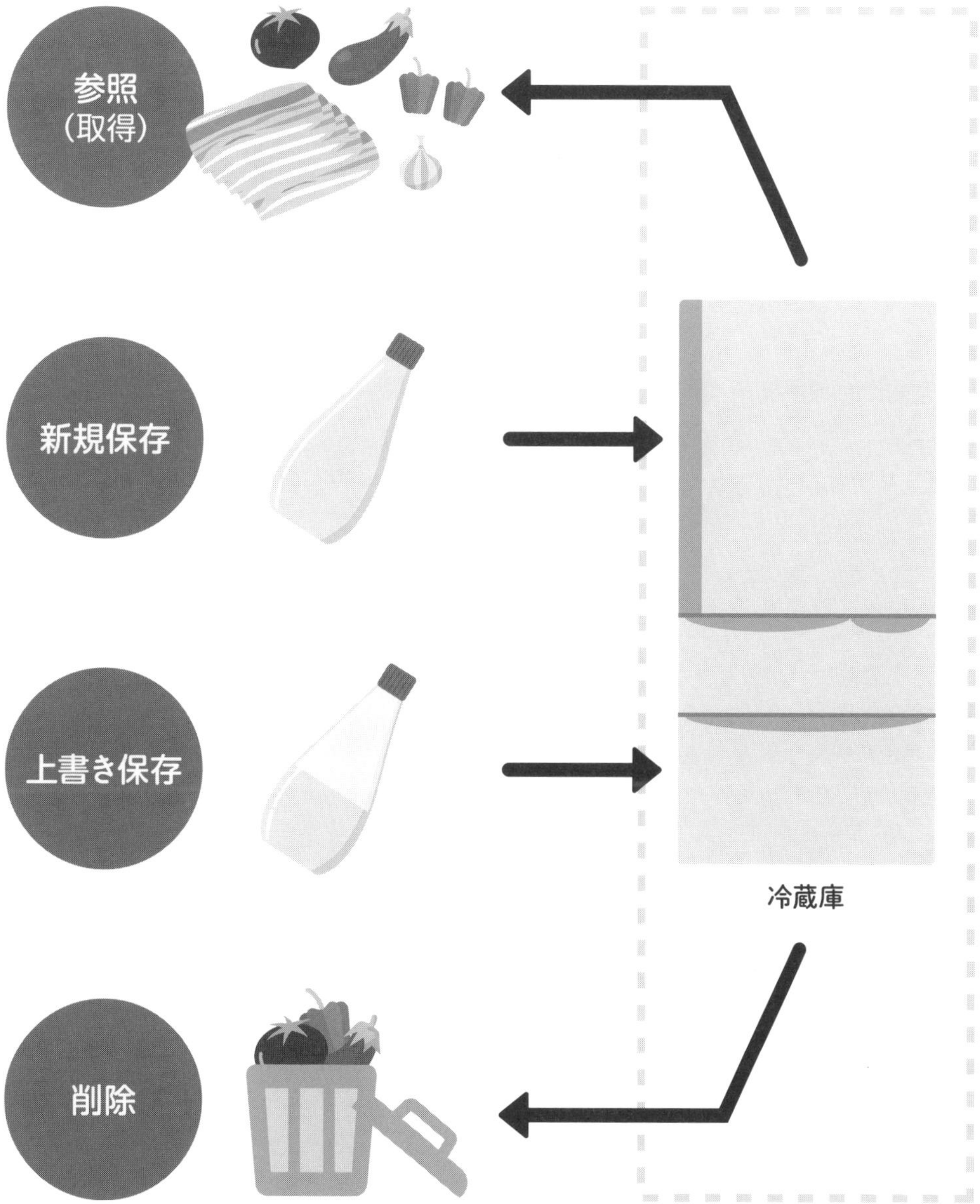

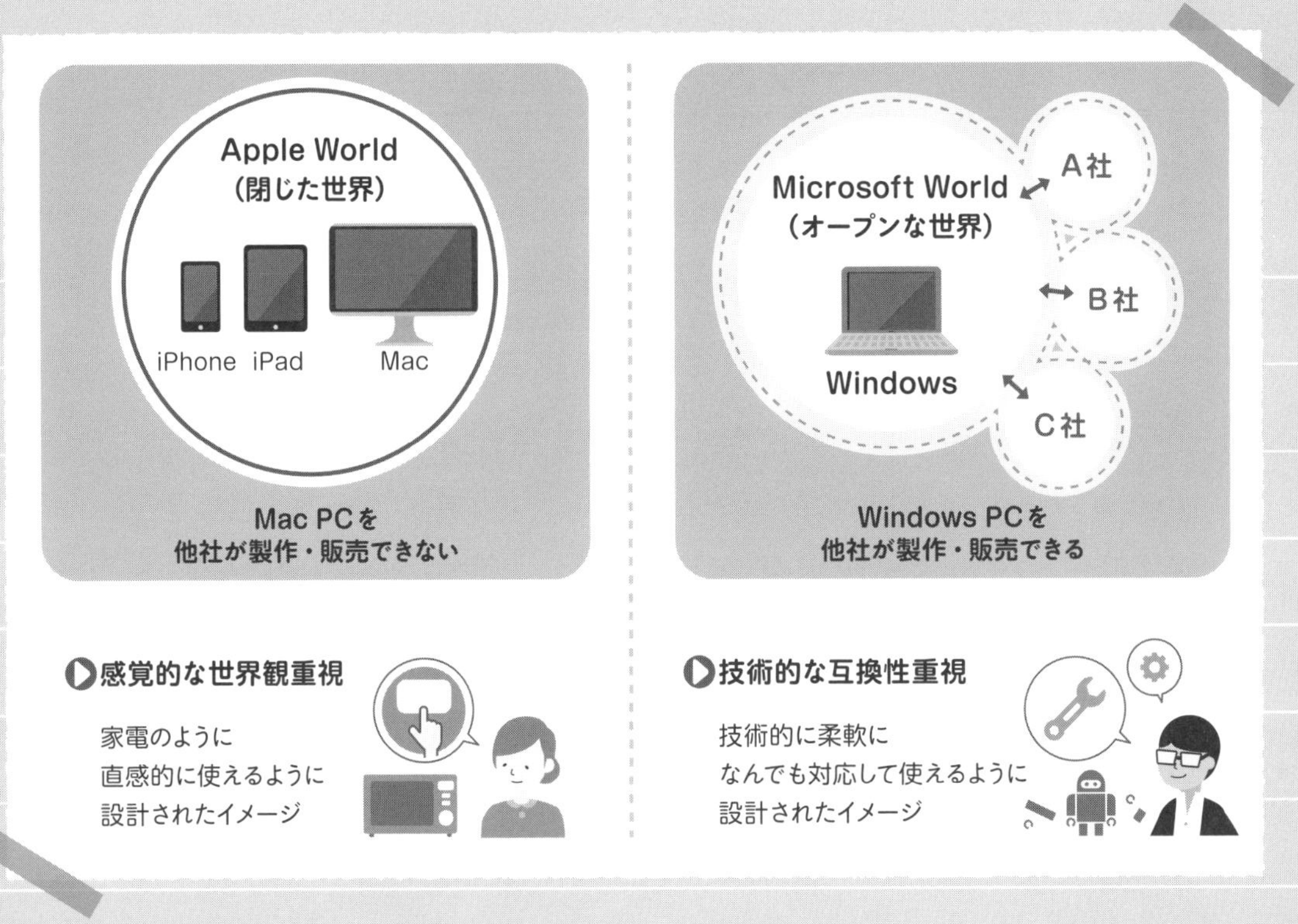

2）Macのほうがサポートが受けやすい

アップル社のサポートシステムは大変優れており、ストレスなく支援を受けることができます。私のMac Book Airの電源が立ち上がらなくなったときも、すぐに電話がつながり、専門スタッフが非常にゆっくり丁寧に対応してくれました。クリーンインストール（工場出荷時の状態に戻すこと）の際には、表参道のアップルストア*に予約して持ち込んだのですが、このときも、的確な対応でとても安心したのを覚えています。

このような対応が可能なのは、PC（ハードウェア）もOS（ソフトウェア）も同じアップル社製であることが大きいと思っています。つまり、不具合の原因も大抵パターンが決まっているので、特定しやすいのです。

一方、Windowsマシンの場合には、様々な会社がPC（ハードウェア）を作っており、OS（ソフトウェア）との組み合わせが無数にあります。実際のところ、筆者が運営するスクールで、原因不明のトラブルが起こったのは、ほとんどがWindowsマシンの生徒様でした。また安価な海外製品を購入した場合には、特にサポートを受けにくいのではないでしょうか。

*アップルストアは仙台・東京・名古屋・大阪・福岡にあります。他の地域では電話サービスのほか、正規代理店を紹介してもらうとよいでしょう。

column 02

MacかWindowsか？

「MacとWindowsのどちらがよいですか？」とよく聞かれます。本当はどっちでも構わないのですが、「シンプルさ」と「わかりやすさ」の視点から「Macのほうがお勧め」とお答えしています。その背景についてご説明しましょう。

1）Macはお婆さんでも使える「家電」のイメージ

スティーブ・ジョブスが「お婆さんでも、買ってきて箱を開けて電源をつなげば、すぐ使える家電製品」をイメージしてMacを設計したと、どこかで聞いたことがあります。確かに、箱を開けても分厚いマニュアルは入っていないし、電源をつなげば勝手に設定が始まり、すぐに使えます。「ゴミ箱」に代表されるように、操作は感覚的に「身体で」覚えられるようにデザインされており、Macで動くソフトウェアも必然的にその思想に基づいて開発されるので、シンプルでわかりやすいものが多いです。一言でいうと「気持ちいい」んですよね、一つ一つの操作が。

一方、ビル・ゲイツはギークでありエンジニア。MS-DOSやWindowsには「どんな多様なハードや環境でも動くように設定できる」「どんな多様な会社のビジネスニーズにも対応できる」という思想を感じます。つまり、「多様な状況に対して対応可能な設定を用意する」ことを、開発者（エンジニア）と利用者（ビジネスマン）の双方に、強く訴求しているのではないでしょうか。WordやExcel、PowerPointといったマイクロソフト社のソフトウェア製品も、あらゆるニーズに対応するために「使い切れないほどの」「複雑な」機能を搭載しているように見えます。

設計や企業文化は日々変化しているとは思いますが、ルーツは以下の対比になるでしょう。

- Mac　　　：個人向け、シンプルさと使いやすさ
- Windows：ビジネス向け、汎用性と多様な機能・設定

これはもちろん、良し悪しではなく個性だと思います。ITリテラシーがありPCの基本操作のできる方なら、どちらを使っても問題ありません。そこに自信のない中高年・シニアの方々には、Macのほうが入り口としてわかりやすいのではないか、ということです。

第3章

料理でプログラミング(1)

実際の調理

アルゴリズム（レシピ）とデータ（材料）

―― 順次実行・分岐・繰り返し ――

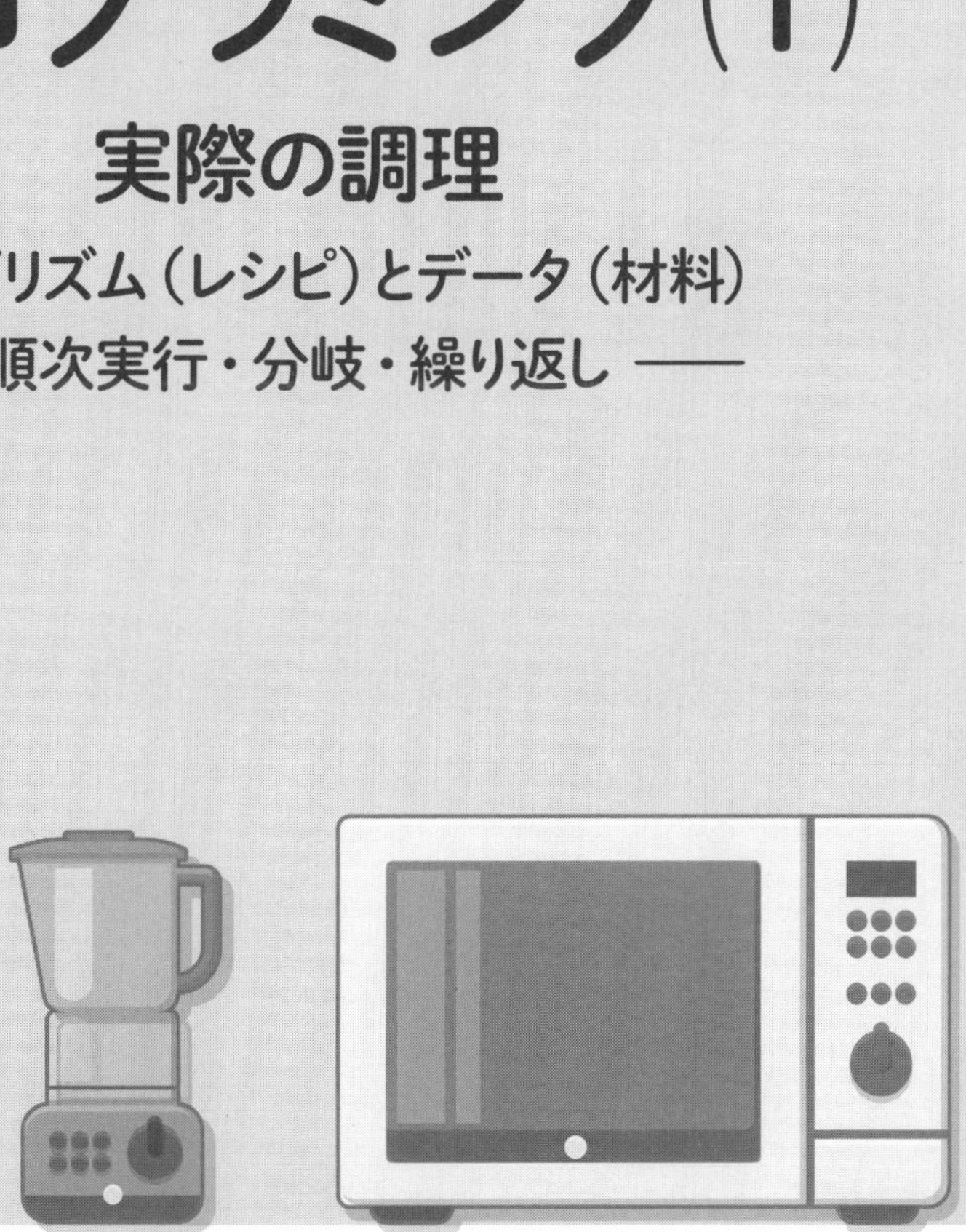

Point3 長ねぎを3cmに切る！

▶▶繰り返し

アルゴリズムの３要素の１つ「繰り返し」を学びます。ある条件を満たしている間、１つの処理を繰り返し実行します。

Point4 材料(データ)を入れる器

▶▶変数

データを扱う３つの道具の１つ「変数」について学びます。変数は「データを入れる器」のようなものです。最も基礎的な道具ですので、まずはしっかりイメージできるようにしましょう。

Point5 材料(データ)に決まった処理をする道具

▶▶関数

データを扱う３つの道具の１つ「関数」について学びます。関数は「Aを入れると、何らかの処理が行われて、Bが出てくる」ブラックボックスのような仕組みです。

Point6 複数の材料(データ)を整理するトレイ

▶▶配列

データを扱う３つの道具の１つ「配列」について学びます。配列は「複数のデータを整理するトレイ」のようなものです。プログラミングにおけるデータの扱いの主役と言ってもよいほど重要な概念です。

3

料理でプログラミングをとらえる 6つのポイント

料理に喩えて、アルゴリズムの３要素（①順次実行、②分岐、③繰り返し）と、
データを扱うための３つの道具（①変数、②関数、③配列）の
イメージを掴みましょう！

Point1 実際の調理

▶▶アルゴリズム（レシピ）とデータ（材料）

調理のレシピは「アルゴリズム」、材料は「データ」と思い、プログラミングの全体像を理解しましょう！

Point2 牛肉を使い分ける！

▶▶分岐

アルゴリズムの３要素の１つ「分岐」を学びます。ある条件を満たすかどうかを判定し、その結果によって、２種類の異なる「処理 A」と「処理 B」に分岐します。

3

01 実際の調理

▼▼アルゴリズム（レシピ）とデータ（材料）

プログラミングとは「アルゴリズム」と「データ」であることを料理のレシピや材料に喩えて2章で説明しました。

この章では、それらを実際のPHPのコードで表現するとどのようなイメージになるのかを学び、理解をもう一歩進めてみましょう！

調理（処理）の流れをイメージしよう

調理全体の流れがレシピ（アルゴリズム）でしたよね？　アルゴリズムの3つの構成要素は「順次実行・分岐・繰り返し」でした。

❶順次実行

コードは書いた順番に上から実行されるので、順次実行については特に何もする必要はありません。

❷分岐

通常if文という構文を使って2つ以上の処理に分岐・場合分けします。

❸繰り返し

for文あるいはwhile文という構文を使って、処理を繰り返し実行します。

食材（データ）の流れに沿って器を用意

データ（材料）を扱うための3つの道具があったのを覚えていますか？　変数・関数・配列でしたよね？

❶変数（データの入れ物）

PHPではデータの入れ物の名前として、任意の単語の先頭に$をつけて、変数を表します。

❷関数（データの特定の処理）

PHP側であらかじめ用意されているものと、自分で定義するものがあります。

❸配列（複数のデータを整理するトレイ）

カッコと矢印で箱の名前とデータの関係を表します。

左図のコードのイメージを次節以降で解説していきます。

すき焼きのアルゴリズム（レシピ）とデータ（材料）

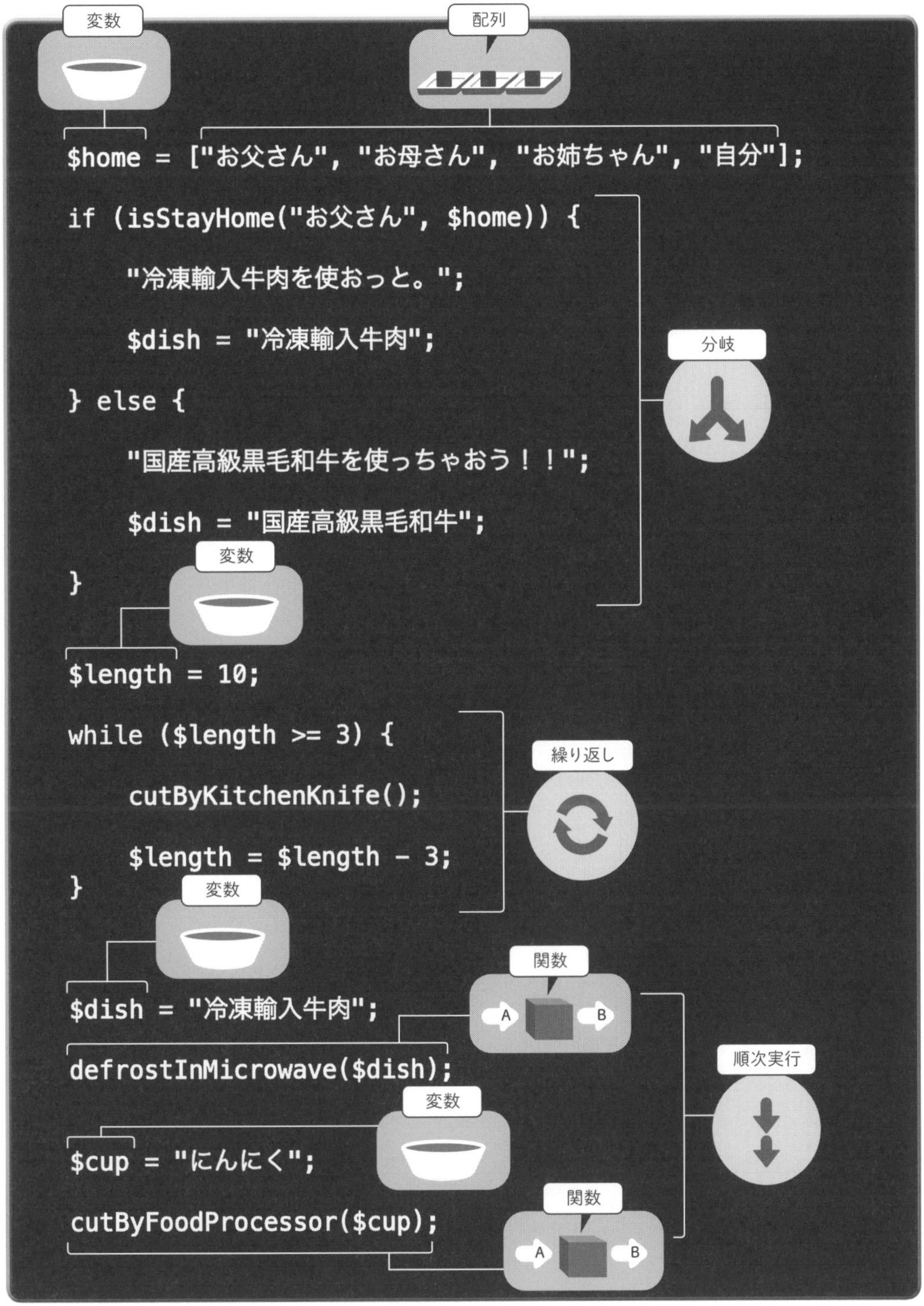

3

02 牛肉を使い分ける！

▼▼分岐

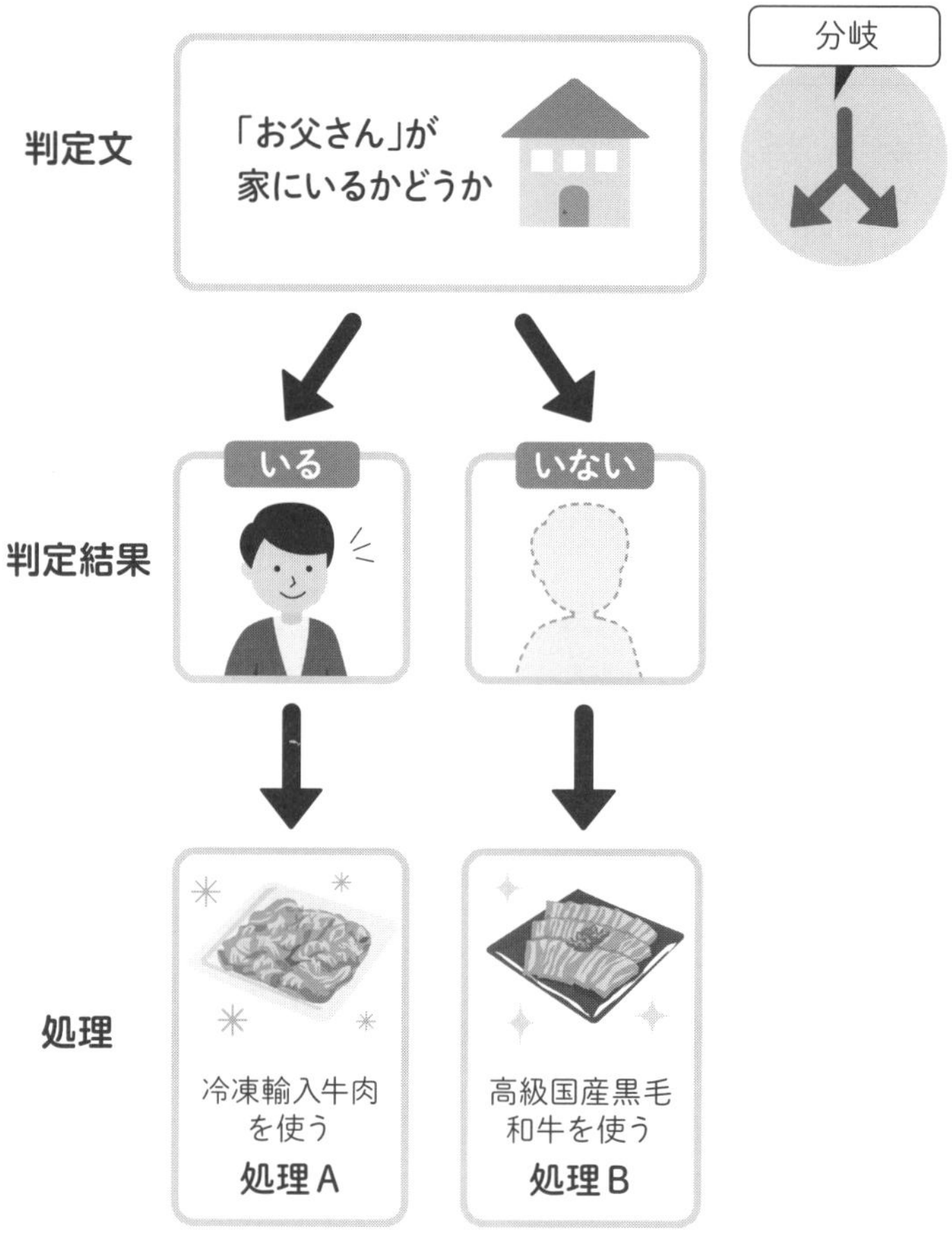

▶▶「条件分岐」を使った処理

「もし○○だったら、△△せよ。そうでなければ□□せよ」のように処理を場合分けをすることができます。

「if（もし）」と「else（でなければ）」は次頁のように使います。

条件に合えば「処理A」が、合わなければ「処理B」が実行されます。

条件分岐のためのこの構文を「if文」と呼びます。

コードのイメージ（PHP）

家にいる家族を表現

```
$home = ["お父さん", "お母さん", "お姉ちゃん", "自分"];
if (isStayHome("お父さん", $home)) {
    "冷凍輸入牛肉を使おっと。";
    $dish = "冷凍輸入牛肉";
} else {
    "国産高級黒毛和牛を使っちゃおう！！";
    $dish = "国産高級黒毛和牛";
}
```

- (isStayHome("お父さん", $home)) ▶▶ 条件文 … お父さんが家にいるかどうか
- Yesの場合 ▶ "冷凍輸入牛肉を使おっと。"; ▶▶ 処理A
- Noの場合 ▶ "国産高級黒毛和牛を使っちゃおう！！"; ▶▶ 処理B

この場合Yesなので以下のように実行される

3

03

長ねぎを3cmに切る！

▼▼繰り返し

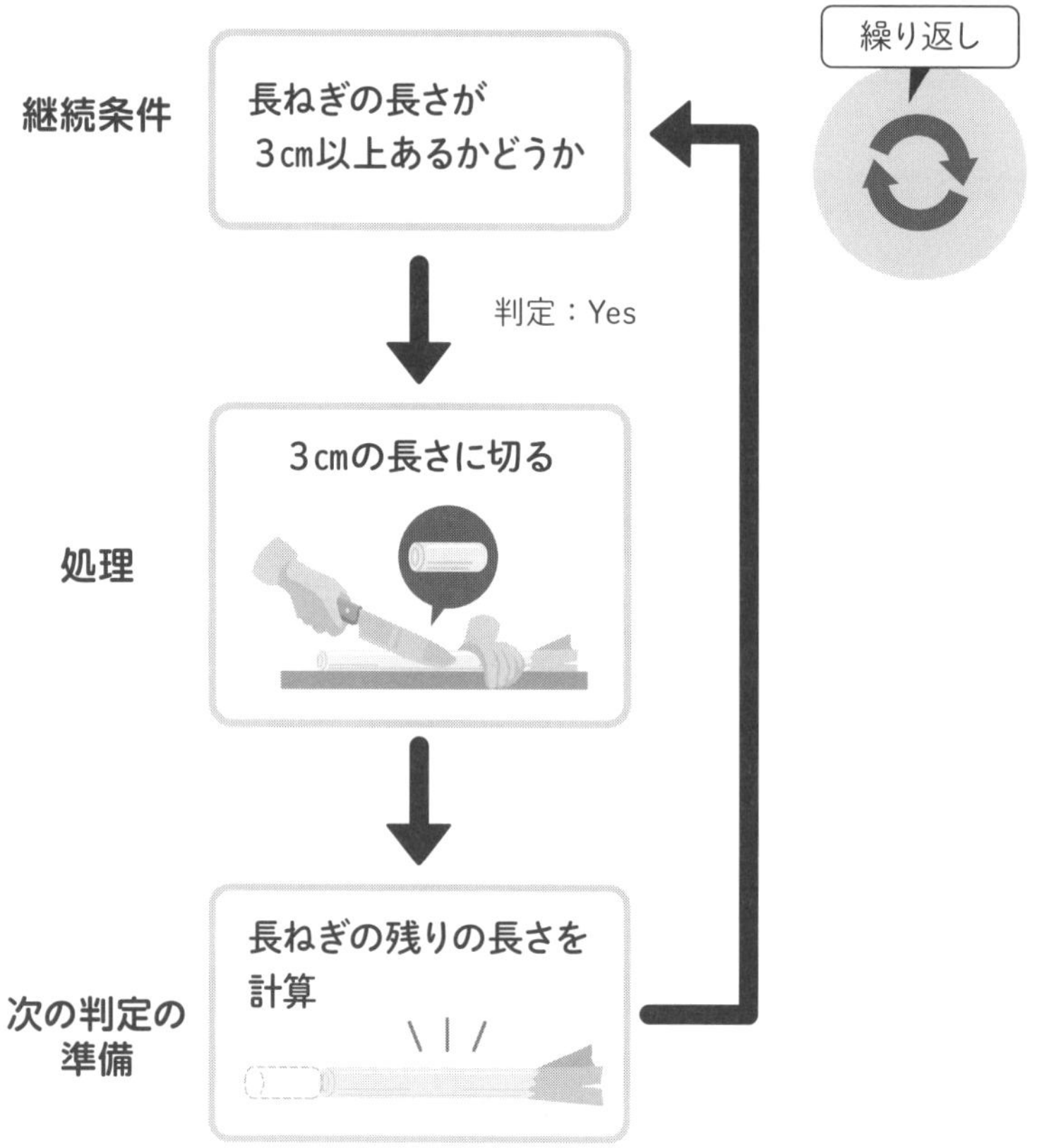

判定がNoになるまで処理を繰り返す

▶▶「繰り返し」を使った処理

「ある条件を満たす間、処理を繰り返す」という命令をすることができます。

「処理を繰り返す」ための条件を「継続条件」といい、ここで何らかの判定を行い、それがYesだと処理を繰り返し、Noになると処理を停止します。

while文あるいはfor文という構文を通常使用します。

コードのイメージ（PHP）

```php
$length = 10;

while ($length >= 3) {
    cutByKitchenKnife();
    $length = $length - 3;
}
```

- 最初のねぎの長さ：`$length = 10;`
- ▸▸ 継続条件…ねぎの長さが3cm以上あるかどうか：`($length >= 3)`
- Yesの場合：`cutByKitchenKnife();` ▸▸ 3cmの長さに切る処理を行う
- 判定準備：`$length = $length - 3;` ▸▸ 残りの長さを計算
- 判定へ

**この場合最初が10cmなので、
処理が3回繰り返し実行される**

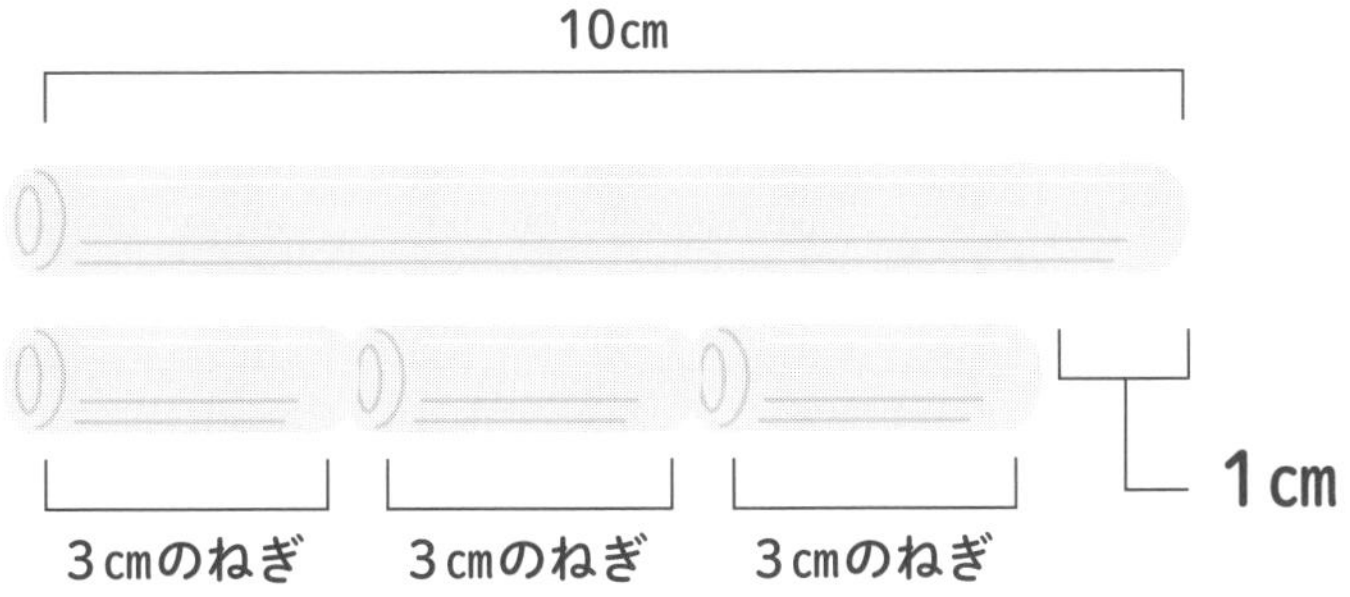

最後に1cmのねぎが残ることになりますよね！

3

04

材料（データ）を入れる器

変数

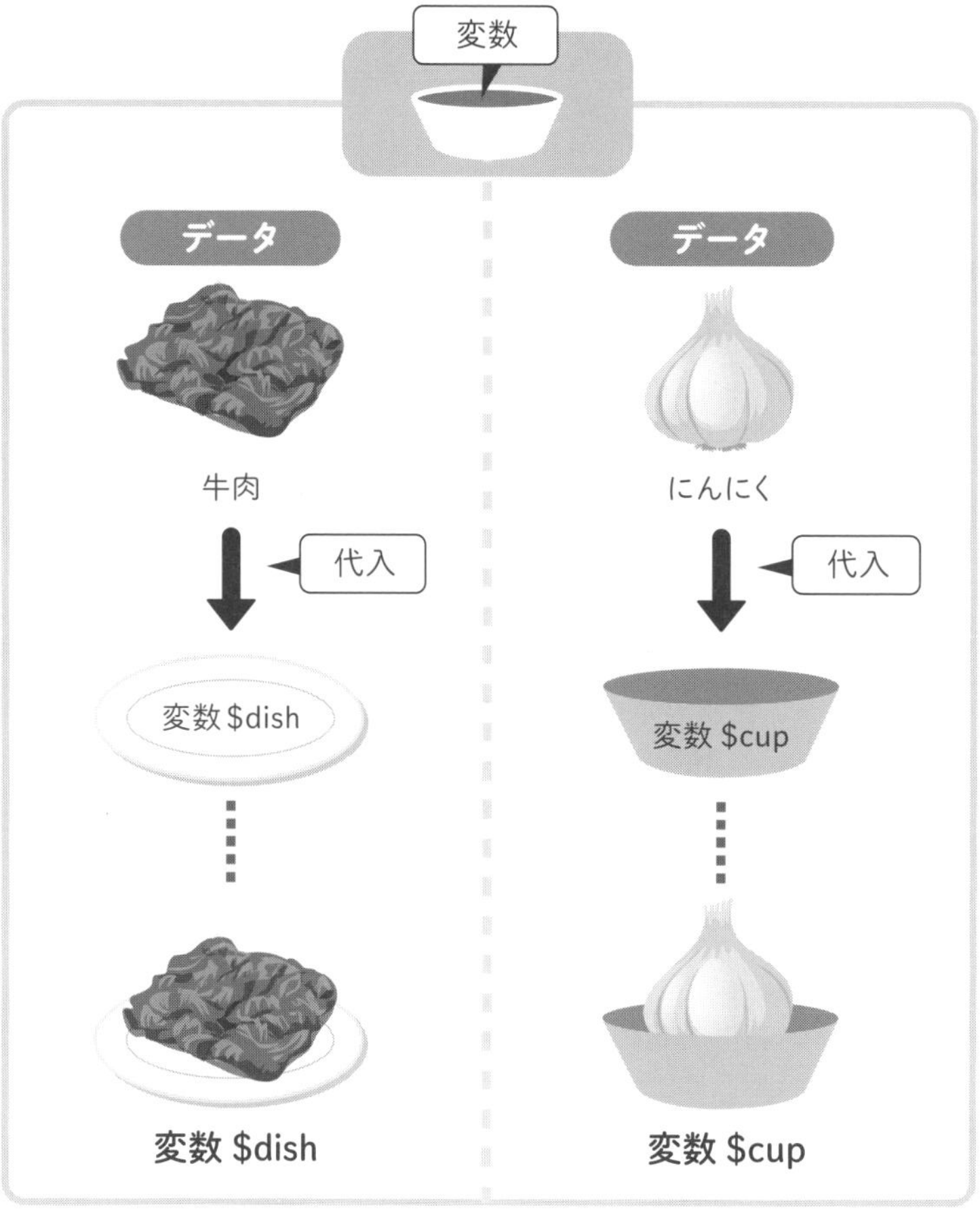

「変数」という器にデータを入れる

プログラミングの世界ではデータを裸の状態で扱うことは原則ありません。通常「変数」という器に入れて扱います。

その器には任意の名前をつけて変数同士を区別します。PHPでは $ を付けると変数を表します。

料理の世界での「カップ」「お皿」などの器をイメージすると理解しやすいですよ！

コードのイメージ（PHP）

```
$dish = "冷凍輸入牛肉";
```

▶▶ データの変数への代入

```
echo $dish;
```

▶▶ 変数内のデータの表示

```
$cup = "にんにく";
```

▶▶ データの変数への代入

```
echo $cup;
```

▶▶ 変数内のデータの表示

▼

出力データのイメージはこんな感じです！

冷凍輸入牛肉

にんにく

3

05

材料（データ）に決まった処理をする道具

関数

「関数」によるデータの処理

プログラミングの世界では様々な役割を持つ関数が用意されており、必要に応じて使い分け、データを処理していきます。

関数はブラックボックスのようなもので「Aを入れると何らかの処理が行われてBが出て来る仕組み」と言えるでしょう。

「電子レンジ」や「フードプロセッサ」などの調理器具をイメージすると理解しやすいですよ！

コードのイメージ（PHP）

入力データ

```
$dish = "冷凍輸入牛肉";

$dish2 = defrostInMicrowave($dish);
```

▶▶関数（解凍関数）による処理

入力データ

```
$cup = "にんにく";

$cup2 = cutByFoodProcessor($cup);
```

▶▶関数（みじん切り関数）による処理

▼

出力データのイメージはこんな感じです！

解凍された輸入牛肉

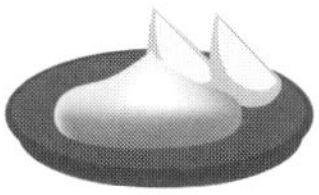

おろしにんにく

3

06 複数の材料（データ）を整理するトレイ

▼▼配列

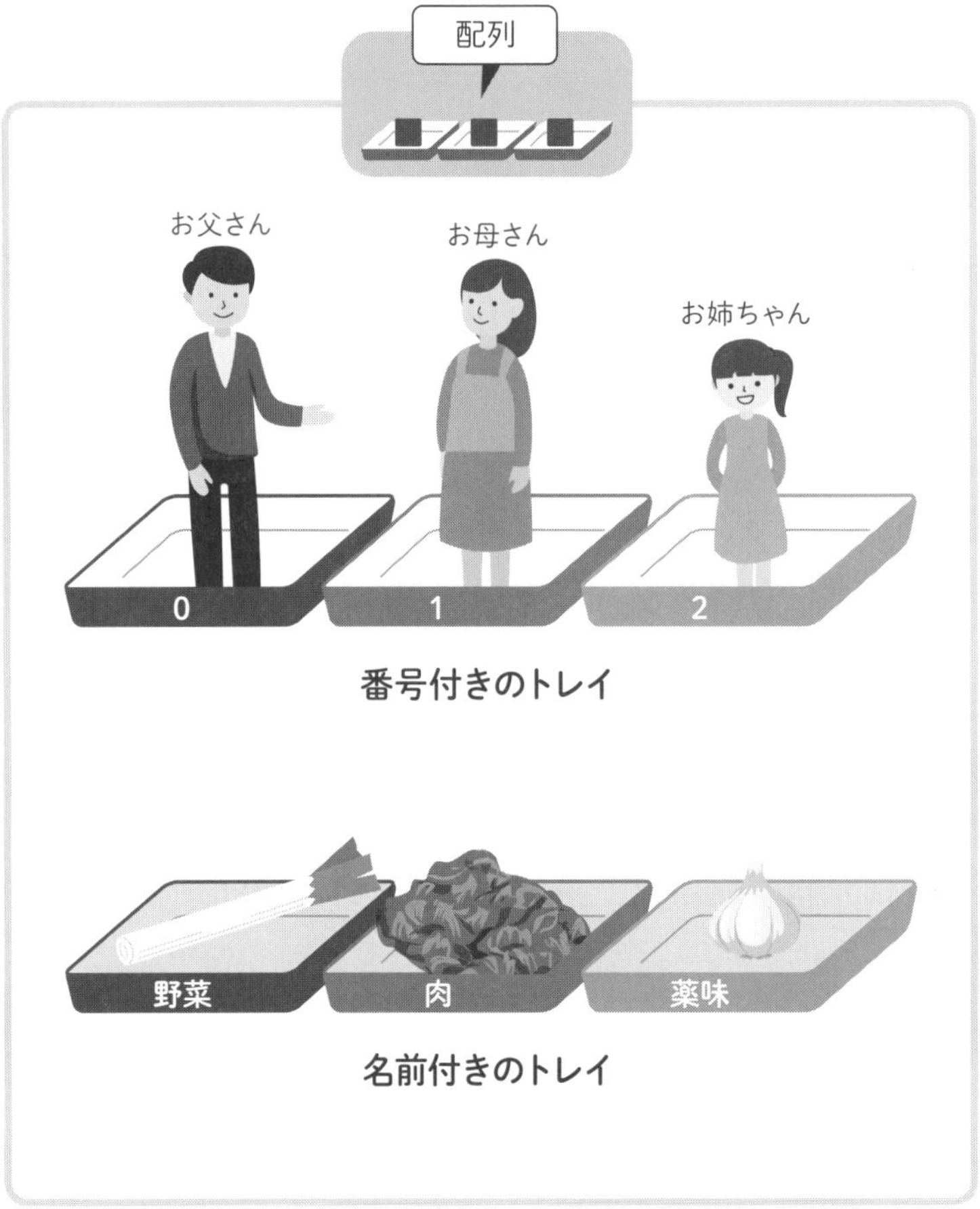

番号付きのトレイ

名前付きのトレイ

▶▶「配列」データを整理するためのトレイ

　複数の材料（データ）を整理しておくためのトレイのことを「配列」と呼びます。

　このトレイにはそれぞれの仕切りの場所に「番号」をつけるケースと「名前」をつけるケースがあります。

　配列のおかげで、複数のデータをひとまとまりとして扱うことができるので、プログラミングを非常に効率的に行うことができるんですよ！

コードのイメージ(PHP)

配列の箱の名前

```
$home = [
    0 => "お父さん",
    1 => "お母さん",
    2 => "お姉ちゃん"
];
```

データ

配列の箱の名前

```
$foods = [
    "vegitable" => "ねぎ",
    "meat"      => "牛肉",
    "spice"     => "にんにく"
];
```

データ

配列も変数に代入することができます

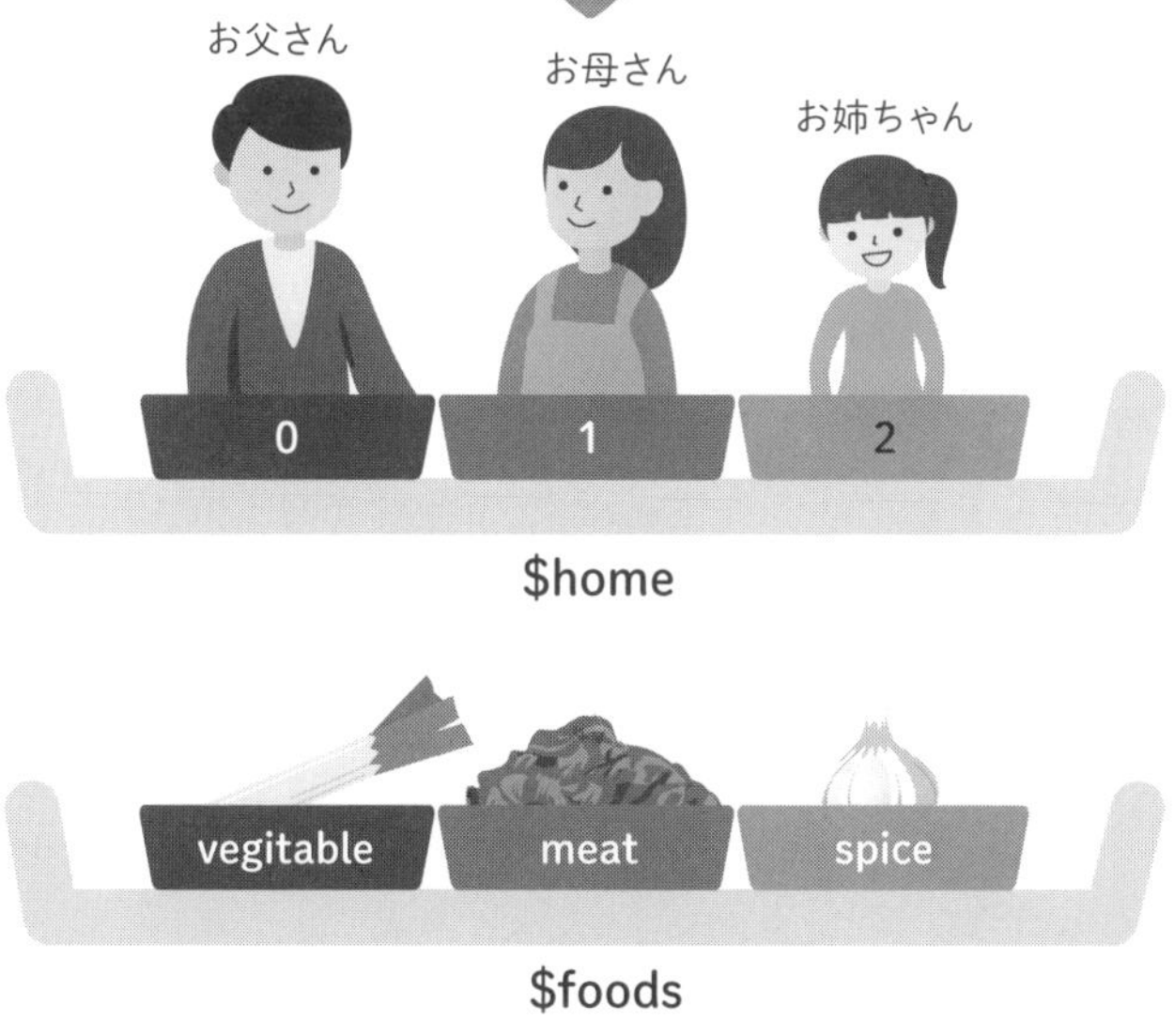

第２段階　実際のデータを入力してインサイトを導く

生成された学習済みモデルに、今度は「実際のデータ」をインプットして分析を行い、「分類」あるいは「予測」の結果をアウトプットさせます。この分析の結果得られる価値のことを「インサイト」と呼びます。

例えば、「雨の日にはハイヒールがよく売れる」という予測結果がアウトプットされたとすると、そのインサイトを実際のビジネスロジックに組み込んで、ビジネスの精度を向上させていく、というイメージです。

さらに、改善されたビジネスロジックでビジネスを行った結果に基づき、予測がどの程度正しかったのかを人工知能にインプット（フィードバック）し、機械学習を繰り返します。こうして人工知能は、継続的に賢くなっていくのです。

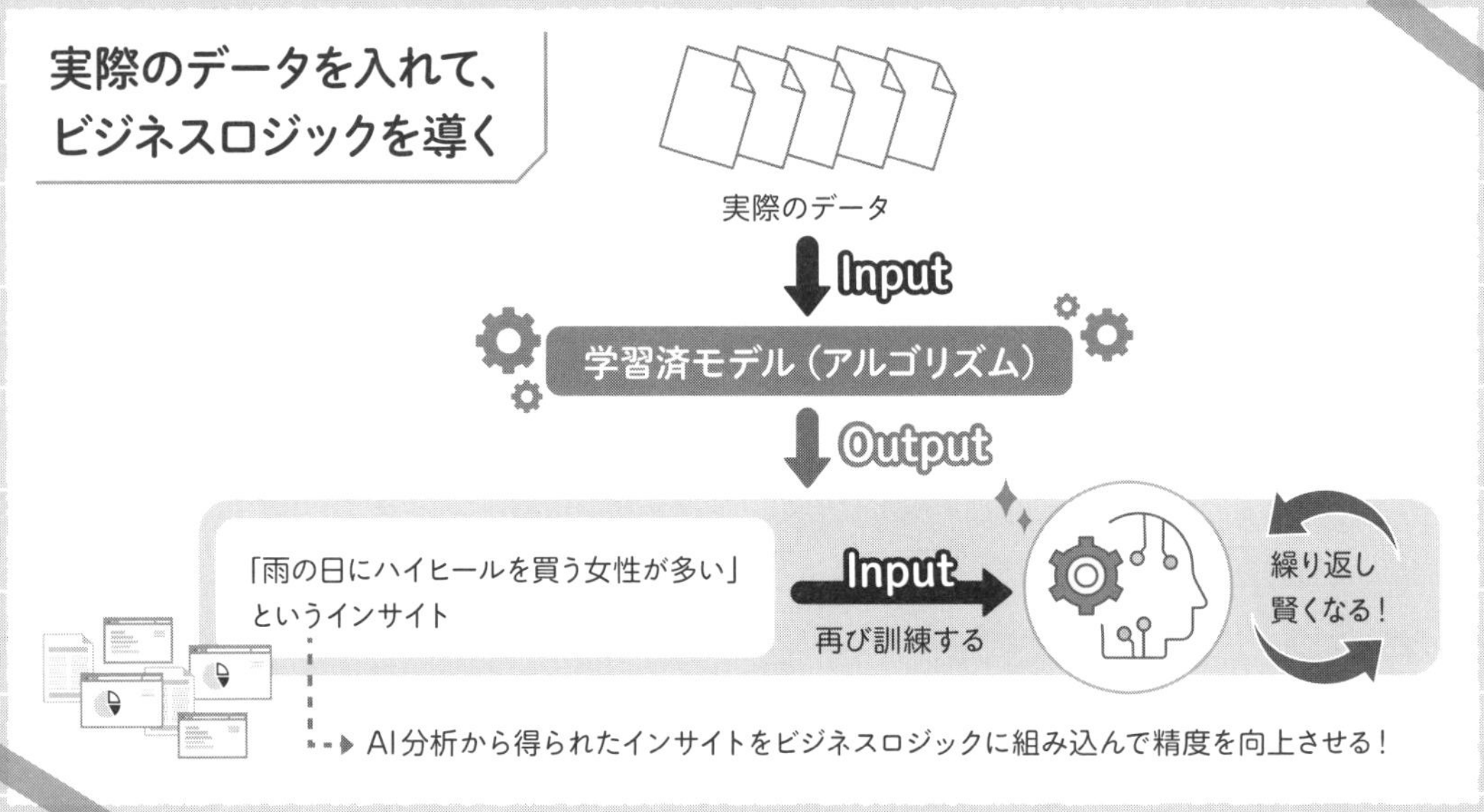

人工知能は、最初は何もできない赤ん坊のような状態です。使用者が良質なデータを与えて、徐々に学習させます。それを繰り返し、手間暇かけて「育てる」必要があるのです。
しかも実際に使うときは、あなたのビジネスの用途に適合するようカスタマイズしなければなりませんので、どのような食事（データ）をどのように与えるか、育てる側のスキルも求められます。

column 03 ①

機械学習と人工知能

「コラム 01　最新 IT 技術の全体像」でも触れた機械学習と人工知能の仕組みを、もう少し詳しく見てみましょう。

第 1 段階　人工知能を訓練して学習済みモデル（アルゴリズム）を生成する

まず、人工知能を訓練するためのビッグデータを用意し、それを人工知能（機械）にインプットすることで、機械学習を行います。すると人工知能は、学習済みモデル（アルゴリズム）をアウトプットします。この学習済みモデルには、目的として「分類」を行うものと「予測」を行うものがあります。例えば、「今日は雨が降りそうか晴れそうか」を分類するためのモデルと、「今日のハイヒールの売上はいくらくらいか？」を予測するためのモデルなどがあります。

学習済みモデルの生成方法はいくつかあり、昔から多くの仕組み*が検討されてきました。その１つが「ディープラーニング」で、この発見のおかげで、現代の人工知能は大きく発展したと言われています。

＊学習済みモデルを生成するためのアルゴリズムとも言えます。

column 03 ❷

ニューラルネットワークとディープラーニング

機械学習は、人工知能が「分類」や「予測」のための学習済みモデル（アルゴリズム）を生成するための仕組みであり、その１つが「ディープラーニング」だと説明しました。

もう少し解説しましょう。

図のように、脳の神経細胞ニューロンを真似て、ソフトウェアの「人工ニューロン」を作ります。それを複数組み合わせて「層」を形成します。その層を深く（ディープに）何枚も重ねることで「ニューラルネットワーク」を構築します。それを用いて学習する仕組みがディープラーニング（深層学習）です。

一つ一つの人工ニューロン（脳細胞のような単位）は、それぞれ異なる基準を持ち、それらの判断の積み重ね（多数決のようなイメージ）によって、分類や予測の結果（値）をアウトプットしていくのです。

ニュートラルネットワーク

基準の異なる一つ一つの人工ニューロン（脳細胞のような単位）による判断の積み重ね（多数決のようなイメージ）によって最終的な分類や予測を行う。

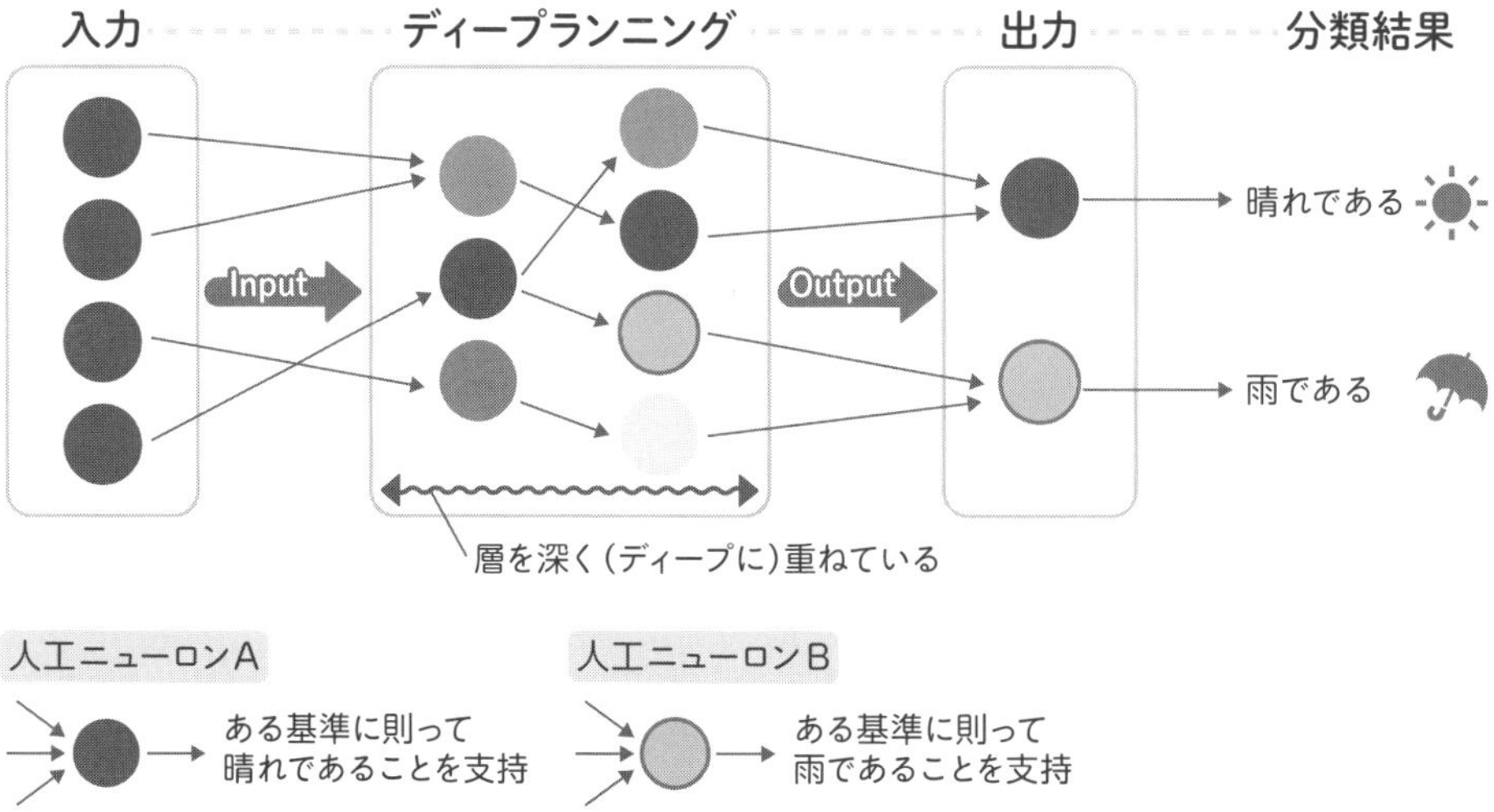

参考文献
・井上　研一著『ワトソンで体感する人工知能』　リックテレコム刊
・DataRobot　「インサイトとは」https://www.datarobot.com/jp/wiki/insights/
・日立製作所「顧客インサイト分析サービスとは」　https://www.hitachi.co.jp/products/it/bigdata/service/insight-analysis/index.html

第4章

料理でプログラミング(2)

データベース（冷蔵庫）でのデータ（材料）の扱い

Point3 冷蔵庫を常に整理された状態に保つ

▶▶構造化されたデータベース設計がキモ！

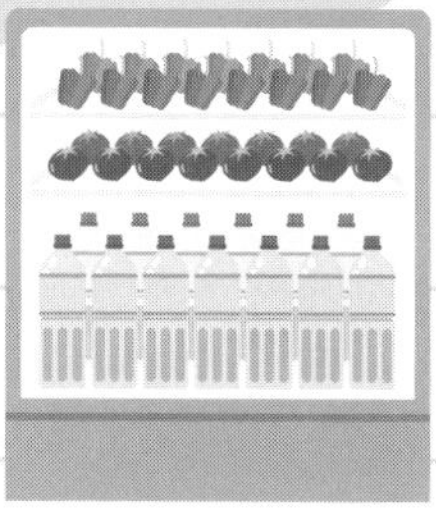

最初は整理できていても、使っているうちに冷蔵庫の中はいつの間にかぐちゃぐちゃに！　ということはよくあります。データベースを整理された状態に保つために、構造化しておく重要性を学びます。

Point4 再掲 データベースを扱う4つの方法

▶▶参照・新規保存・上書き保存・削除

データベース（冷蔵庫）でデータ（材料）を扱う４つの方法を復習しましょう！

Point5 データベースでデータを扱う言語ＳＱＬ

▶▶参照・新規保存・上書き保存・削除

データベース（冷蔵庫）でデータ（材料）を扱うための言語がSQLです。SQLで書かれた簡単なコードを紹介しますので、SQLとはどんなものか、イメージを掴みましょう！

4

料理でデータベースを理解する5つのポイント

データの保管場所であるデータベースを設計していくプロセスを、
お料理の準備と冷蔵庫に喩えて説明します。
データベースでデータを扱う４つの方法についても復習しましょう！

Point1 材料の買い物チェックリストを作る

▶▶作りたいもののレシピ（アルゴリズム）から必要な材料（データ）を洗い出す

お料理を作る前に、必要な材料を考えてからお買い物に行くのと同じで、プログラミングでも、実際のアプリ制作の前に、必要なデータを洗い出しておきます。

Point2 材料を整理・保管する

▶▶冷蔵庫（データベース）設計のポイント

買ってきた材料を冷蔵庫に効率良く保管するために、野菜、肉、冷凍食品などの種類別に保管場所を用意します。それと同じく、データベースにデータを保管する際にも、あらかじめ保管場所を設計しておくことが大切です！

4

01

材料の買い物チェックリストを作る

▼▼作りたいもののレシピ（アルゴリズム）から必要な材料（データ）を洗い出す

料理を始める前に必要な材料を考える

皆さんが子供の頃に、最初に料理をしたときのことを思い出してみてください。

学校の家庭科の授業でも、家で風邪をひいたお母さんのために作るときでも、最初はいきなり料理に取り掛からずに、まず左図のような段取りを行うのではないでしょうか？

材料（データ）を事前に洗い出す意味

料理を作っている最中に「あ、砂糖がない！」なんてことに気づいたら大変ですよね。

それと同じで、プログラミングでも制作に取り掛かる前に、以下のことを事前に想定しておくことが大切です。

❶必要な機能を実現するために、どんなデータが必要なのか？

❷将来新しい機能を追加する可能性はないか？　あるとすれば、どんなデータが必要になりそうか？

材料（データ）を分類しておくと効果的！

「すき焼き」を作るための材料を買ってきたら、食材を種類ごとに分類しておくと料理がやりやすくなりますよね？

❶野菜—春菊、しいたけ、長ねぎ

❷肉—牛肉

❸加工食品—豆腐、しらたき

❹調味料—醤油、砂糖、みりん

プログラミングでもデータを分類（リスト化）しておくことはとても大切です。次節でその方法について解説します。

材料（データ）を洗い出す手順

1　何を作るか決める。

2　作るもの（例えばすき焼き）が決まったら、そのレシピを本などで調べ、考える。

すき焼きのレシピ（アルゴリズム）

3　必要な材料が冷蔵庫にあるかどうか確認する。

4　足りない材料があれば、買い物に行く。

5　材料を整理しておく。

❶野菜…………　春菊　しいたけ　長ねぎ
❷肉……………　牛肉　鶏肉　豚肉
❸加工食品…　豆腐　しらたき
❹調味料……　砂糖　醤油　みりん

データのリスト化

4

02 材料を整理・保管する

▼▼冷蔵庫（データベース）設計のポイント

材料（データ）を整理する

前節で「すき焼き」を作るための材料を次のように整理しました。

❶野菜ー春菊、しいたけ、長ねぎ
❷肉ー牛肉
❸加工食品ー豆腐、しらたき
❹調味料ー醤油、砂糖、みりん

整理の仕方のポイントは、

◆似たもの同士をまとめる

ことです。そうすることで次の保管場所の設計がやりやすくなります。

冷蔵庫（データベース）設計のポイント

材料（データ）を保管しておく場所は、冷蔵庫ですよね。その冷蔵庫のことをデータベースと呼びます。

材料を冷蔵庫（データベース）に効率良く整理しておくための保管場所の設計は、プログラミング上非常に重要な分野です。

その際のポイントは次のようになります。

◆似たもの同士の置き場を用意する
◆同じ材料を重複して整理しない（ハムを肉と加工食品の両方に重複して分類しない）
◆「その他」という種類の保管場所は作らない

実際の冷蔵庫でも野菜を保管する場所、肉を保管する場所、調味料を保管する場所、のように分けていますよね。

そうすることで、野菜を探すときも効率がよくなったり、しまうときも迷わずにしまえるようになります。

また、なんでもしまえてしまう「その他」のような場所を作ると、結局散らかってしまうことは、皆さんも経験しているのではないでしょうか？

データベース設計のポイント

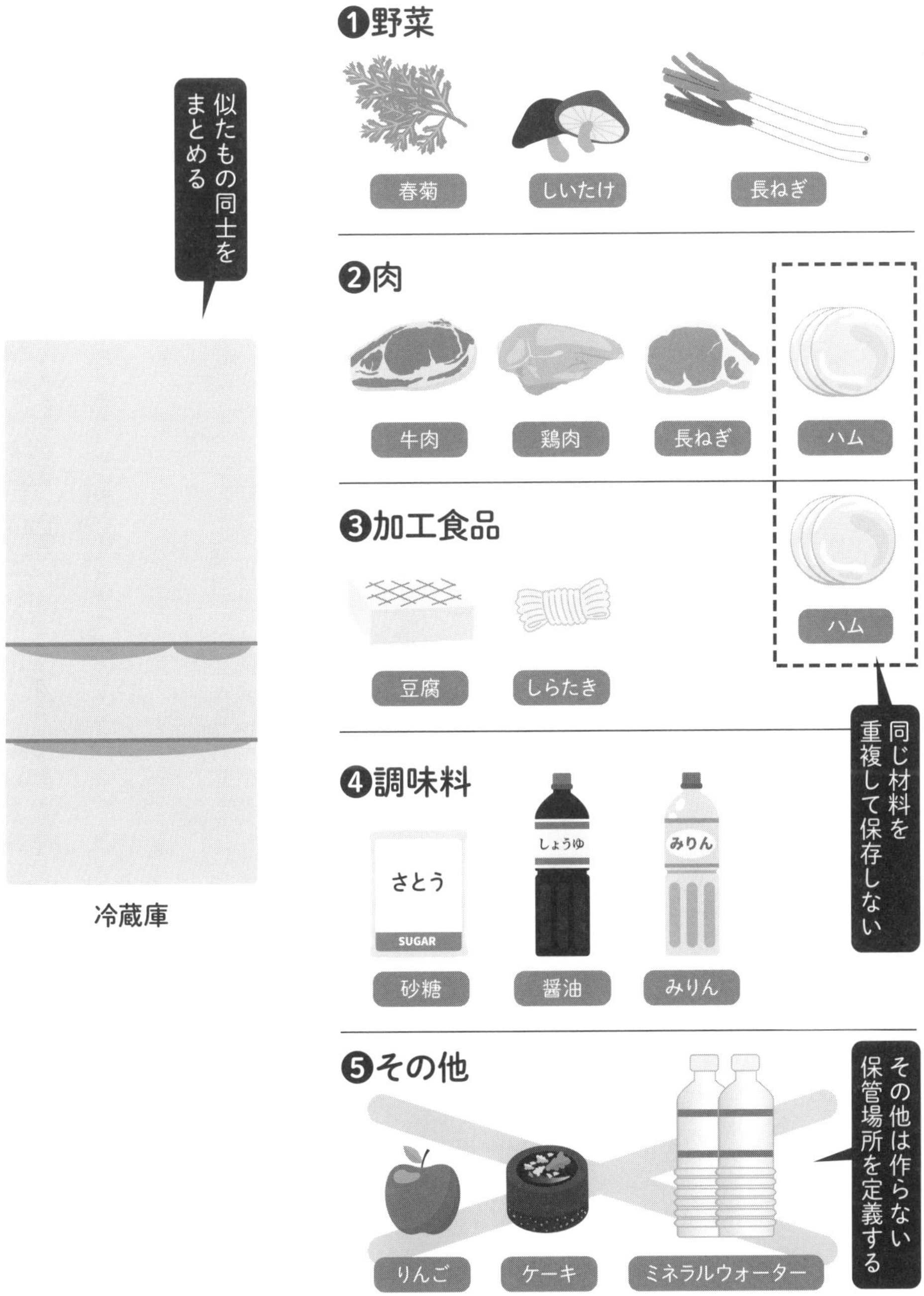

4

03 冷蔵庫を常に整理された状態に保つ

▼▼構造化されたデータベース設計がキモ！

データの保管場所の構造はエクセルをイメージしよう！

実際にプログラミングにおいてデータベース（冷蔵庫）を設計する際には、左図のようなエクセル（Excel）の表構造をイメージしましょう。

❶ｉｄ　一つ一つのデータにつける番号のこと

❷フィールド名　列ごとにデータの種類につける名前

何個の列（フィールド）を作るかは、データを管理する方法によって変わってきます。

今回の場合、以下の2つのフィールドがあることになります。

ｎａｍｅ（材料名）

ｎｕｍｂｅｒ（材料の個数）

整理したい種類ごとに表（テーブル）を用意する

一つ一つの表のことをテーブルと呼びます。今回の場合、整理する材料の種類ごとに、左図のような4つのテーブルを用意しています。このように整理しておけば、管理したい野菜のデータが増えたとしても、テーブルの行を増やしていくだけで対応が可能です。

保管場所を構造化して変えないことがキモ！

今回の保管場所の構造は

❶ｉｄ

❷ｎａｍｅ

❸ｎｕｍｂｅｒ

のようになっています。

もし急に、食材を購入した「日付」も一緒に管理する必要が出てきたらどうでしょう？

❹ｄａｔｅ（日付）

という新しい保管場所を後から作らなければならなくなりますよね。

id　フィールド名　フィールド名

id	name	number
1	長ねぎ	1
2	春菊	2
3	しいたけ	5

vegetables テーブル

テーブル名

つまり管理するデータ自体が増えても問題ありませんが、管理する項目（種類）が増えるとその都度対処しなければならなくなります。

そのような状況がおこらないように、事前に冷蔵庫（データベース）の構造を設計することが非常に重要なのです。

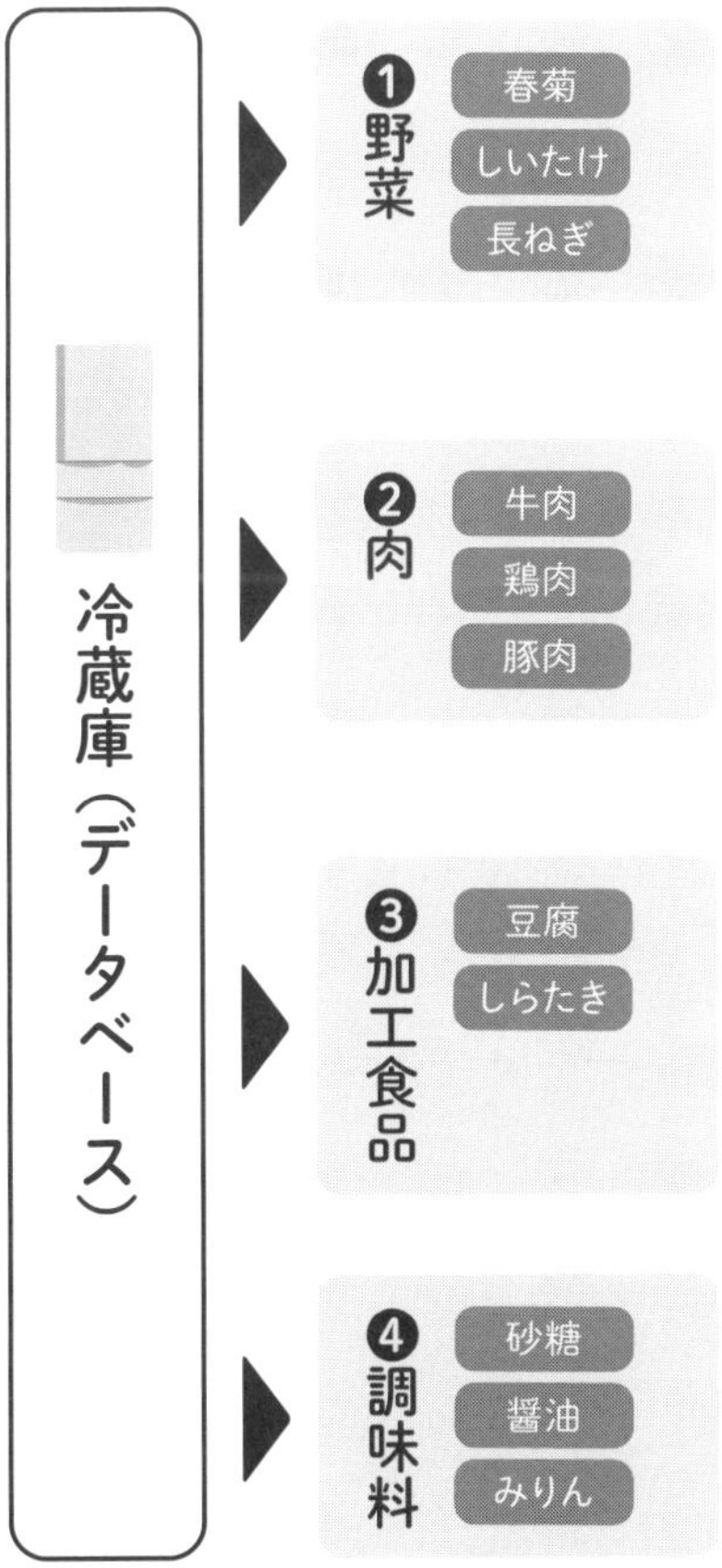

項目（種類）を増やすのは自動ではできない

vegetables テーブル

id	name	number	date
1	長ねぎ	1	
2	春菊	2	
3	しいたけ	5	

データを増やすのは自動でできる

meats テーブル

id	name	number
1	牛肉	1
2	鶏肉	1
3	豚肉	2

processed foods テーブル

id	name	number
1	豆腐	1
2	しらたき	1

seasonings テーブル

id	name	number
1	醤油	1
2	砂糖	1
3	みりん	1

4

04

再掲 データベースを扱う4つの方法

▼▼参照・新規保存・上書き保存・削除

データを保管しておく場所「データベース」でのデータの扱い方について再掲します。

データが「食材」だとすると、データベースは「冷蔵庫」と考えるとわかりやすいですよ！

参照 ～データの取得

冷蔵庫を開いて、食材を探したり、取り出したりする行為をイメージしてみてください。

データを探したり（参照）、取り出したりする（取得）ことを指します。

新規保存

これは簡単。食材を冷蔵庫に保管するのと同じで、データをデータベースに新規に保存する事を言います。

皆さんがワード（Word）などのファイルをＰＣに最初に保存するときも「新規保存」を行っていますよね。あれと同じです。

上書き保存

冷蔵庫からマヨネーズを取り出して使った後にまた戻しますよね。あのイメージです。編集・修正されたデータを再び保存します。

作成済のワードファイルを編集後に「上書き保存」するのと同じです。

削除

これも簡単。冷蔵庫から食材を取り出して捨ててしまうことです。これもワードのファイルなどをＰＣから削除したことのある方はイメージしやすいですよね！

データベースは冷蔵庫！

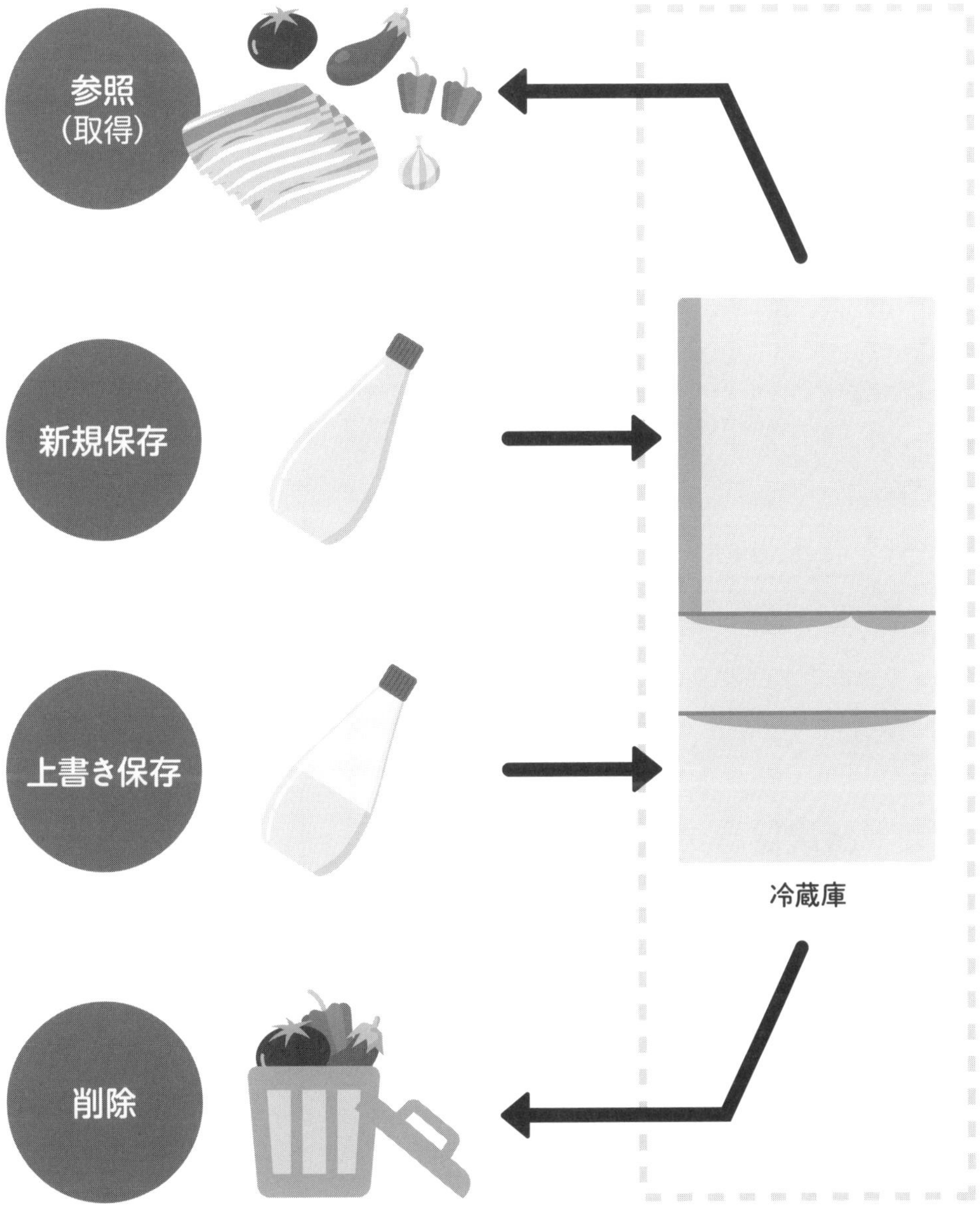

4

05 データベースでデータを扱う言語SQL

▼▼参照・新規保存・上書き保存・削除

▶▶ データの参照・新規保存・上書き保存・削除

データベースでデータを扱う４つの方法について、実際のコードのイメージを紹介します。ここで使うコードはSQLという言語で書かれています。ここではあくまでイメージとして体験していただければ十分ですので、詳しく理解する必要はありません。

参照（取得）のコードのイメージ

❶ vegetablesテーブルから ❷ 長ねぎを ❶ 取得せよ

```
SELECT * FROM vegetables WHERE name = '長ねぎ';
```

❶ vegetablesテーブルから取得せよ
❷ nameが長ねぎのものを

vegetablesテーブル

id	name	number
1	長ねぎ	1
2	春菊	2
3	しいたけ	5

新規保存のコードのイメージ

❶ vegetablesテーブルに ❷ 長ねぎを1個 ❶ 保存せよ

```
INSERT INTO vegetables (name, number) VALUES ('長ねぎ', 1);
```

❶ vegetablesテーブルに保存せよ
❷ 長ねぎを1個

vegetablesテーブル

id	name	number
1	長ねぎ	1

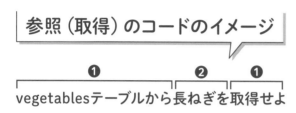

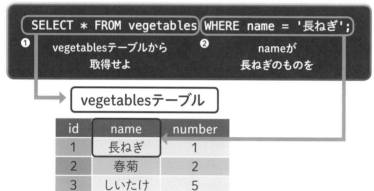

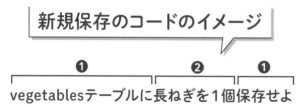

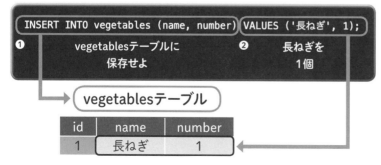

上書き保存のコードのイメージ

vegetablesテーブルの（❶）id=1のデータに（❸）

3cmの長ねぎを4個（❷）上書き保存せよ（❶）

```
UPDATE vegetables SET name = '3cmの長ねぎ', number = 4 WHERE id = 1;
```

❶ vegetablesテーブルを上書き保存せよ
❷ 3cmの長ねぎを4個
❸ id=1のデータに

vegetablesテーブル

id	name	number
1	3cmの長ねぎ	4
2	春菊	2
3	しいたけ	5

削除のコードのイメージ

vegetablesテーブルから（❶）id=2のデータを（❷）削除せよ（❶）

```
DELETE FROM vegetables WHERE id = 2;
```

❶ vegetablesテーブルから削除せよ
❷ idが2のものを

vegetablesテーブル

id	name	number
1	長ねぎ	1
2	春菊	2
3	しいたけ	5

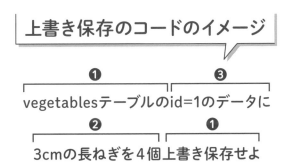

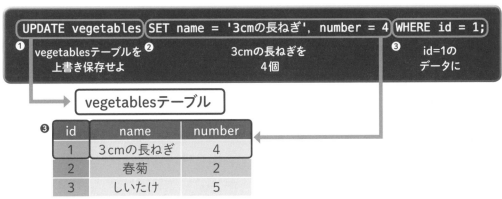

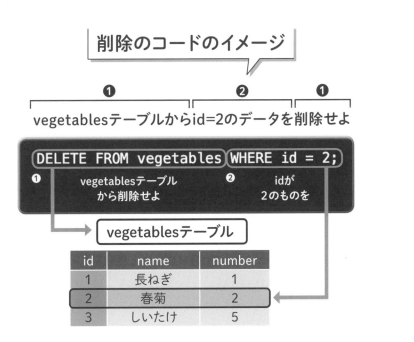

● ツリー構造

上位から下位へ向かって、データが木のように枝分かれして行くので「ツリー構造（木構造）」と呼びます。データに上位／下位の概念があるので「階層型」とも呼ばれます。会社の組織図のようなイメージです。

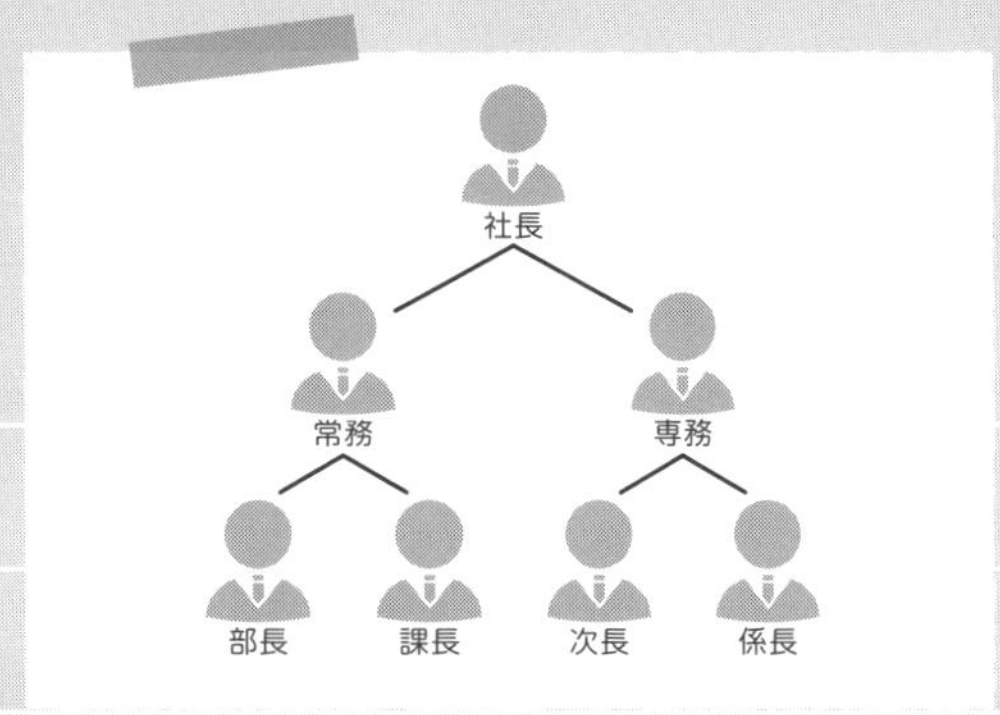

● ネットワーク構造

ツリー構造と同様に、データ間のつながりは線で表されるのですが、データ同士のつながりが閉じている場合を「ネットワーク構造」と呼びます。SNS上の友達のつながりのようなイメージです。

このネットワーク構造には、Facebookの友達関係のように向きのないものと、Twitterのフォローとフォロワーのように、向きのあるものとがあります。

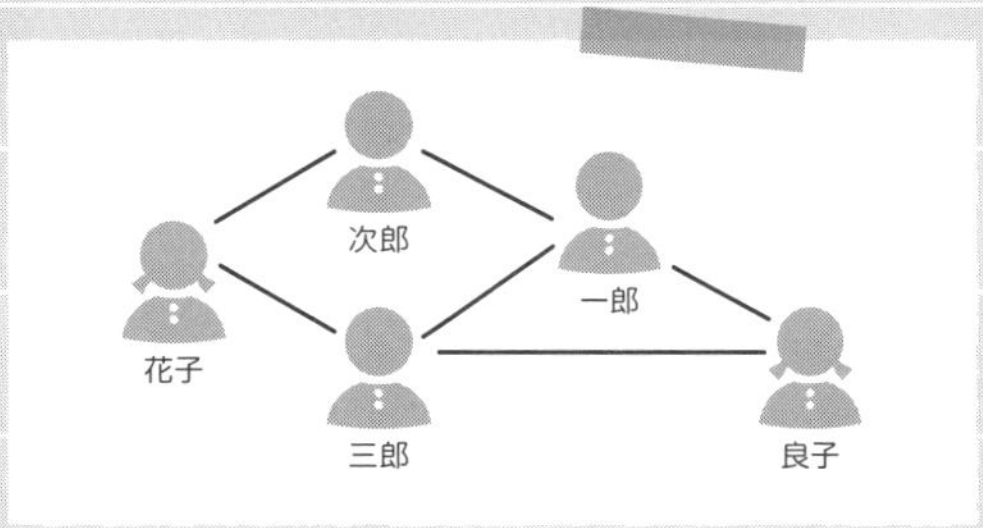

ツリー構造やネットワーク構造のように、線と点で表されるデータ構造全般を「グラフ構造」と呼びます。

column 04 ❶

データ構造・データベース・AWS

（1）データ構造について

このコラムでは、データには様々な構造があることと、その保管場所であるデータベースの種類について解説します。

また、気になる最新技術として、Amazon Web Services（AWS）の概要をご紹介します。

データ構造

ここで言う「データ構造」とは、様々なタイプのデータを、効率良く管理する仕組みのことです。データを順番に並べたり、種類ごとに整理する場面をイメージしてみてください。また、データ同士の関連性やつながりを表す場合もあります。以下に代表的なデータ構造をいくつかご紹介します。

●配列構造

データを順番に並べて整理する構造です。配列は第３章にも出てきましたが、数字付きのつながった箱、またはトレイをイメージするとわかりやすいでしょう。

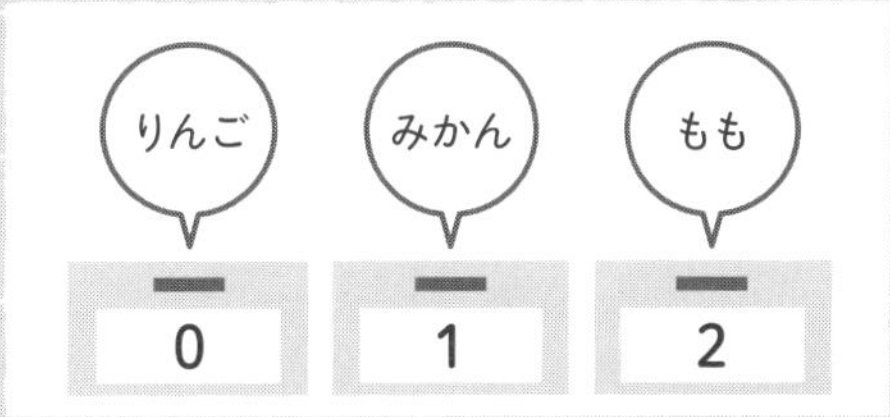

●連想配列構造

箱の名前が文字で、右図のように、箱の名前（キー）に対して値（バリュー）がセットで存在する構造を「連想配列」と呼びます。例えば「ケーキ」という箱の名前（キー）に対して「モンブラン」という値（バリュー）が対応しています。データを指定する際、数字の順番に一つ一つの箱を探していく必要がなく、直接箱の名前を指定すればよいので、データを取り出すのが早い、という特長があります。

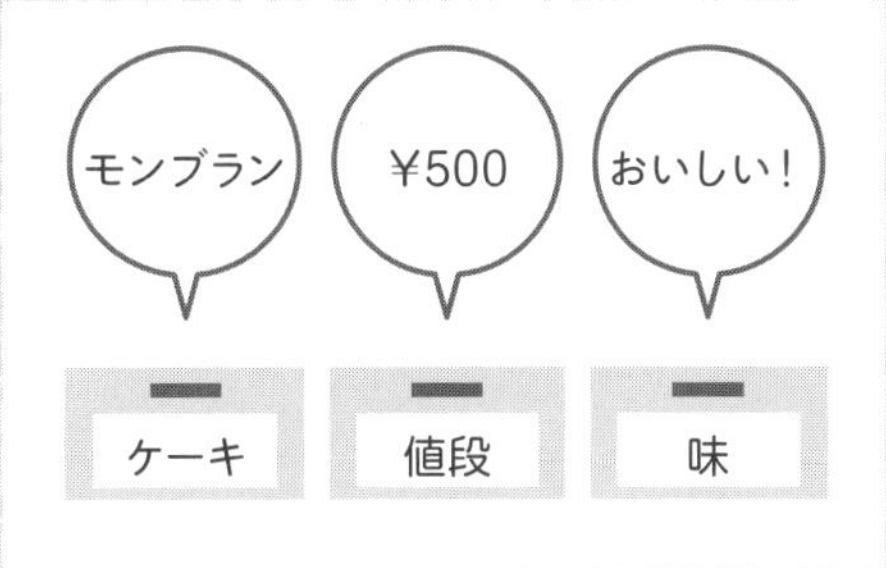

データを迅速に扱うことができるのです。
以下に代表的なNoSQLのデータベースをいくつかご紹介します。

●キー・バリュー型（KVS）

データの種類（キー）と値（バリュー）を一対のものとして管理する形式です。

キー：ケーキ、バリュー：モンブランのような関係です。データが追加されるごとに、行が一行づつ追加されていくイメージです。

キー	バリュー	
ケーキ	モンブラン	

●ドキュメント指向型

ある書式でデータを記述したドキュメント（文書）としてデータを管理するモデルです。JSONやXMLなど自由度の高いドキュメントを扱うMongoDBなどが知られています。

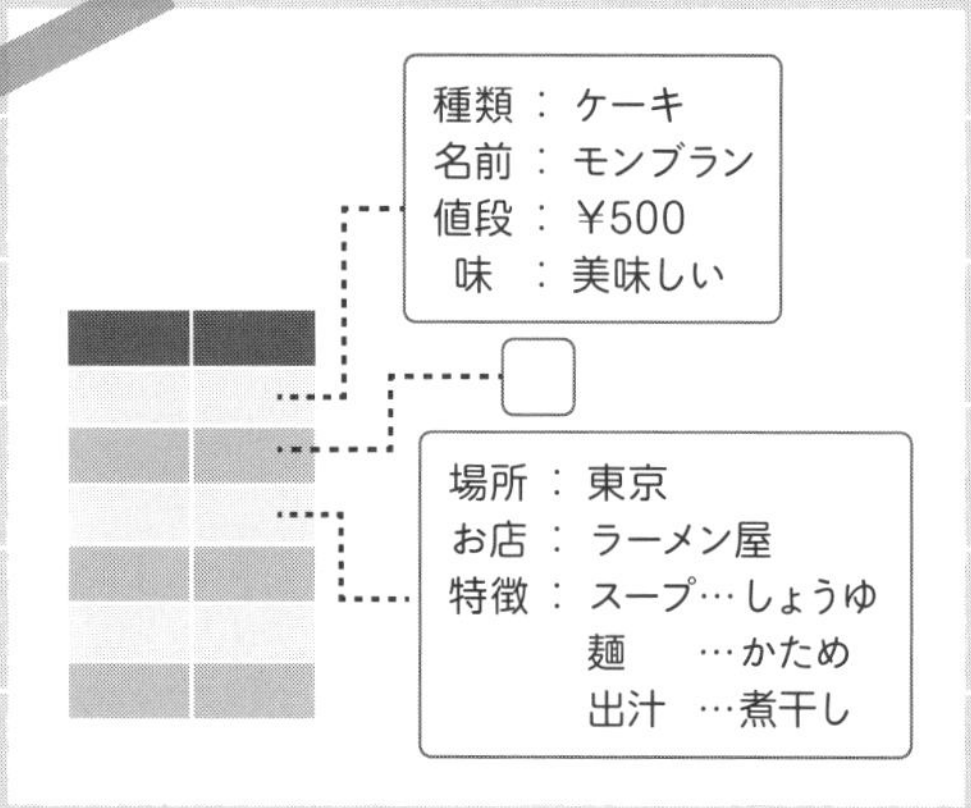

●グラフ型

SNSのようなネットワーク型のデータを、要素間の多様な関係性を含めて管理するのに適しています。

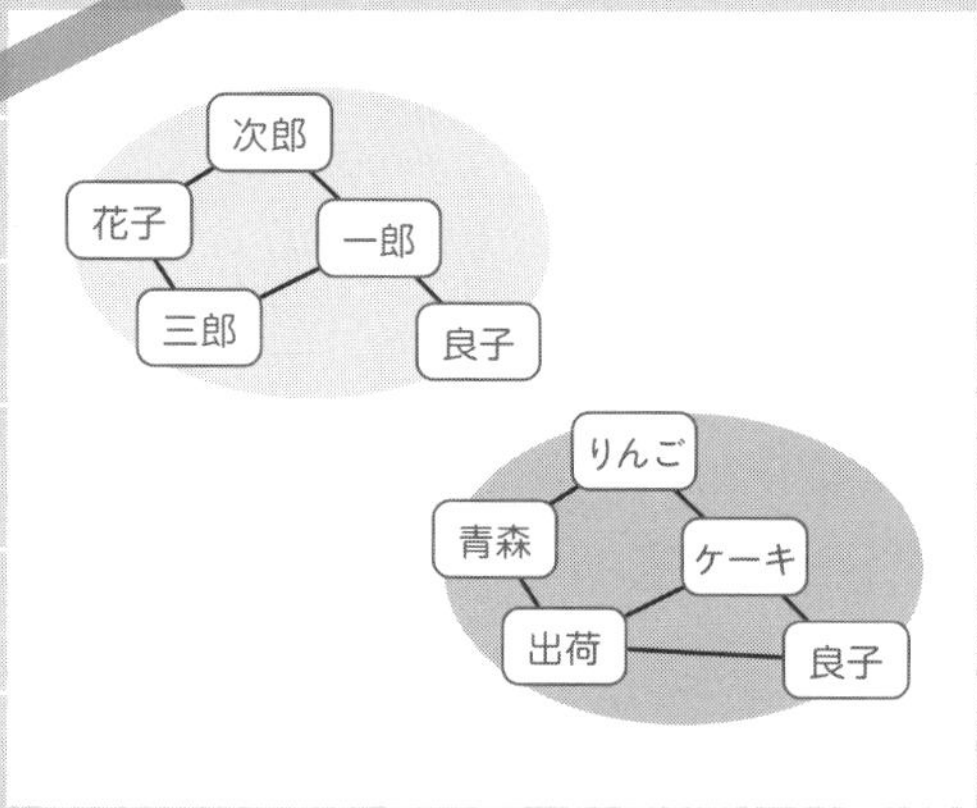

出典：本橋信也・河野達也・鶴見利章 著『NOSQLの基礎知識』リックテレコム刊

column 04 ❷

データ構造・データベース・AWS
（2）データベースについて

様々なデータ構造をもつデータを、効率よく保管するための場所として考案されたのが「データベース（DB）」です。第4章では冷蔵庫に喩えました。保管したいデータの構造に応じて、いくつもの種類のDBが考案され、利用されています。

伝統的なデータベース

●リレーショナルデータベース（RDB）

行と列からなる表のような形で、データの関係性をわかりやすく表現できることが特長です。RDBを操作するための言語「SQL」を使うことで、ユーザーは簡便にデータにアクセスできます。データベースと言えばRDBを指すと言えるほど、最も広く用いられているデータベースです。

代表的なRDBとして、オープンソースのMySQL等がよく知られています。

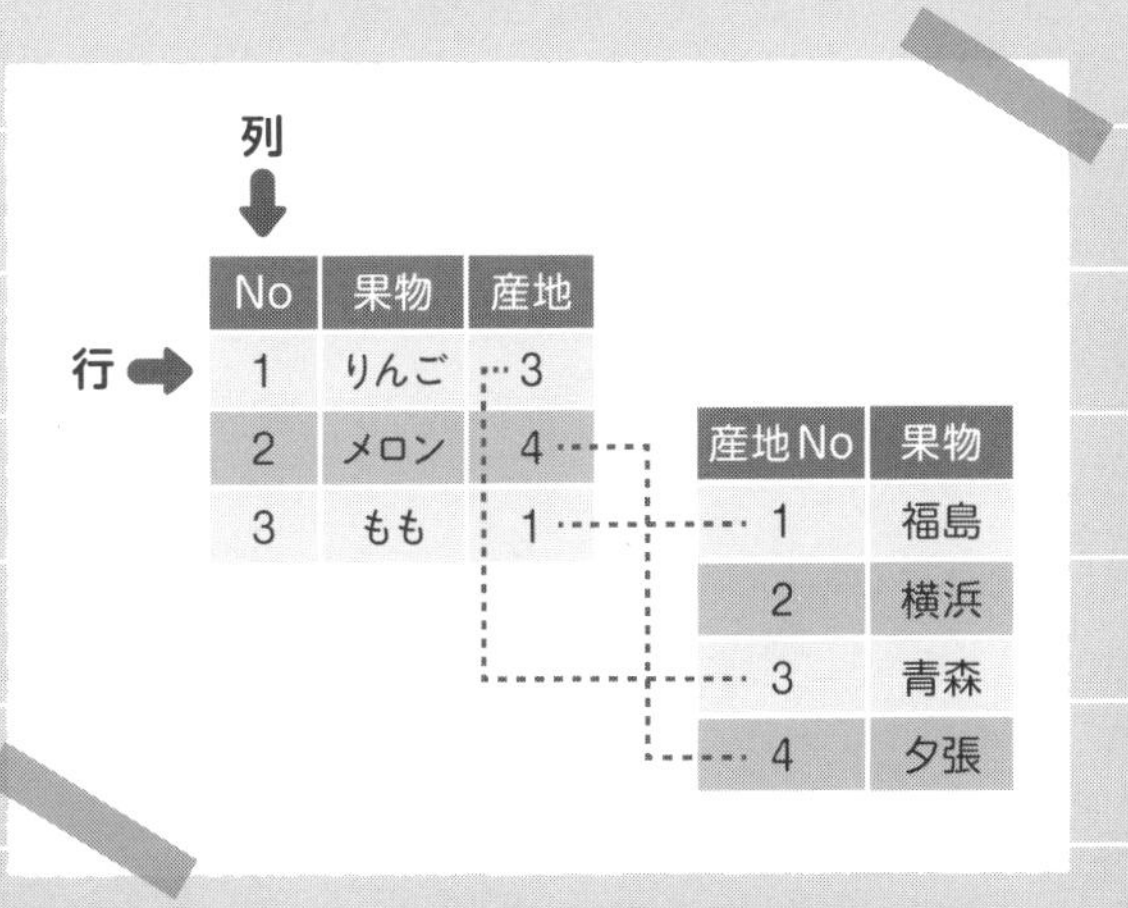

ビッグデータと新しいデータベース

TwitterやFacebook等のSNSが発展し、GoogleやAmazonのようなサービスが世界規模で拡大し、世界中の人々が利用するようになった結果、求められるデータ処理の方法が多様化しました（大量のデータ処理、より素早いデータ処理、複雑なデータ構造への対応など）。そこで、従来のRDBとは異なるデータベースがいくつも開発されています。これらは「従来のSQL言語で扱うRDB以外のもの」（Not Only SQL）という意味を込めて「NoSQLデータベース」と呼ばれます。ここで言う「No」という言葉はRDBにとってかわるもの、という意味ではありません。RDBとNoSQLデータベースは今後もそれぞれの得意な領域で棲み分けつつ、共存していく関係にあることに注意しましょう。

NoSQLデータベースは、しっかりと構造化された複数の表からなるRDBとは異なり、「複数のサーバーに分散して拡張するのが容易」という特長があります。この特長を生かして所謂ビッグ

機能面では、以下の特長がAWSにはあります。

1）ウェブサーバー、データベース、ストレージなどの、ウェブサービス構築に必要な基本機能について、多様な選択肢から最適な組合わせを選ぶだけで、素早く構築できます。
2）初期費用がほとんどかからず、従量課金で使った分だけ料金を払えばよく、また、安定したパフォーマンスを低コストで運営できるよう、自動で性能を調整する機能（Auto Scaling）もついています。
3）Amazonの全世界での運用実績に支えられた、高いセキュリティレベルが保証されています。
4）ブロックチェーン、IoT、機械学習などの最新技術のサービスも使用可能であり、ウェブサービスに関しては「AWSでできないことはない」と言っても過言ではありません。

Amazon Web Services（AWS）のイメージ

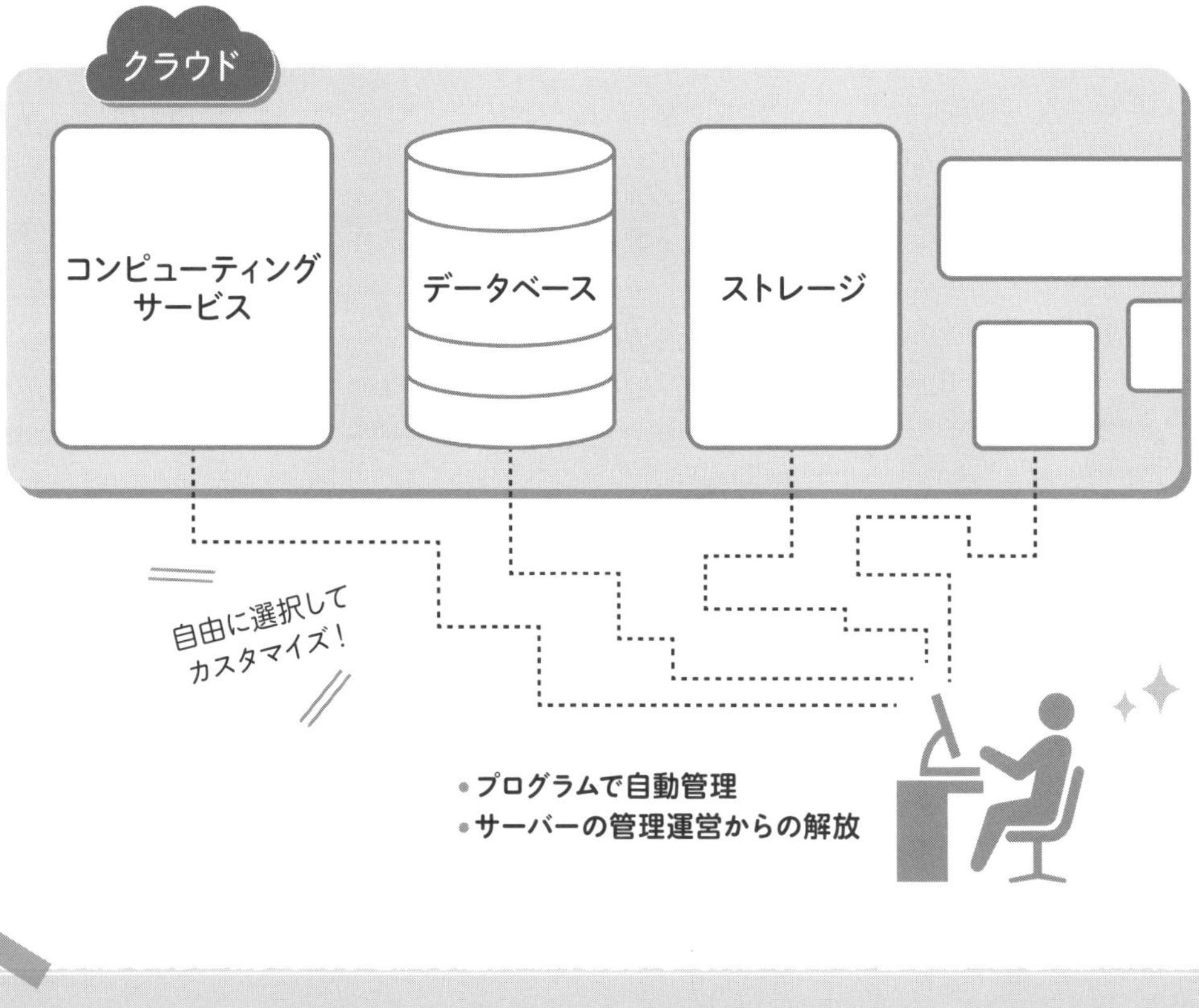

column 04 ❸

データ構造・データベース・AWS
（3）AWSについて

Amazon Web Services（AWS）

AWSは元々 AmazonがECサイト等の自社サービス用に運用していたサーバーのシステムを、2006年に公開したものです。現在クラウドサービスで圧倒的なシェアを占めています。

AWSはIT業界に破壊的イノベーションをもたらしました。そのインパクトは、サーバー等のハードウェアをクラウド上で「仮想化」し、インフラを「物理的な管理」から解放した点にあります。

その結果以下のような利点が生まれました。

●スペックと台数の容易な変更が可能

仮想化のおかげで、ブラウザから操作・設定するだけで、自由に規模を拡大縮小したり、別の仕様や機能を持つサービスを追加でき、サーバーの保守業務等が容易になりました。「DB容量やらリソースの上限を常に意識しなくてはならない」という開発エンジニアの悩みを解消し、熱烈に支持されています。

●自動化

仮想化はさらに、システムの運用管理を、プログラムによって自動化できるようにしました。スケール（容量）の増減、障害復旧やアラートの発信など、人の管理がほとんど不要なシステムが作りやすくなりました。

●セッティングするスピードの早さ

必要なときに、必要なだけ、低価格でITリソースを素早く設定することができるようになり、結果として、トータルのコストも抑えられるようになりました。

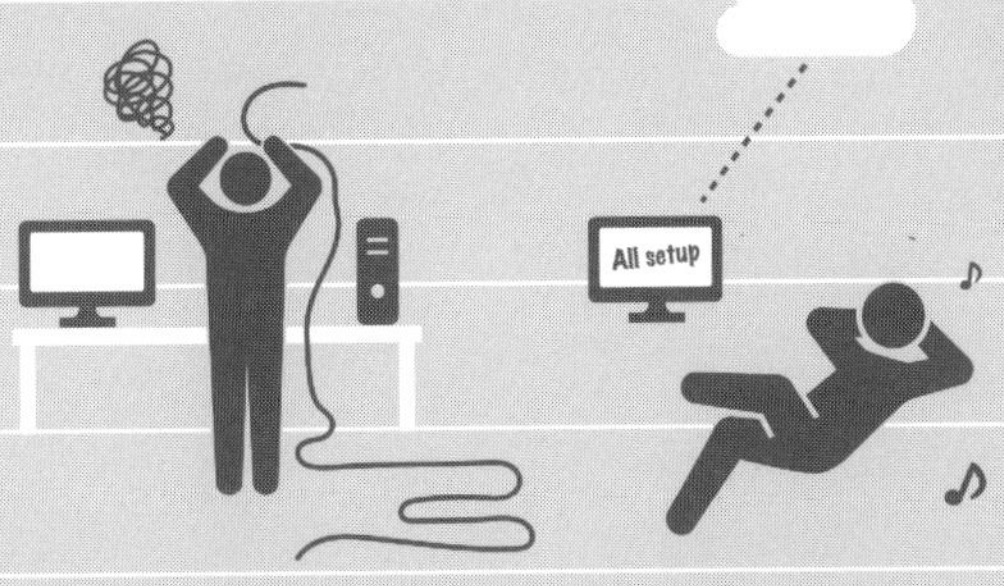

＊アマゾンウェブサービス（AWS）とは？▶https://aws.amazon.com/jp/about-aws/

第5章

ウェブサイトの見た目と表示

Point3 文字と画像を入れる

▶▶ HTML

ウェブ上で段落や箇条書きなどの文書構造を指定し、文書を作成するための言語であるHTMLのコードのイメージを学びます。

Point4 もっと簡単な方法がある！

▶▶ WordPressを使おう

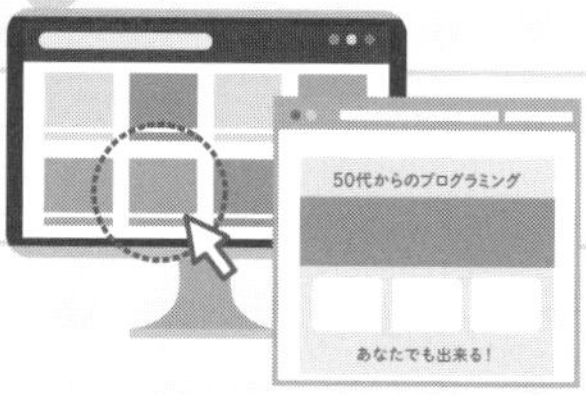
50代からのプログラミング
あなたでも出来る！

初心者でも、簡単にウェブサイトを作ったりコンテンツを更新できる仕組み（CMS）があります。その中で最もポピュラーなWordPressについて解説します。

5

見た目と表示をとらえる 4つのポイント

ここではウェブサイトの基本的な作り方と、
ウェブサイト作りのための言語であるHTML・CSSの特長を学び、
より便利な仕組みであるWordPressについても見ていきます。

Point 1 ウェブサイト作りは新聞の版組み作業

ウェブサイトの基本的な構成が、ボックス（箱）の組み合わせでできていることを理解しましょう。新聞の「版組み」のような作業から始めます。

Point 2 枠組みやデザインを作る ▶▶ CSS

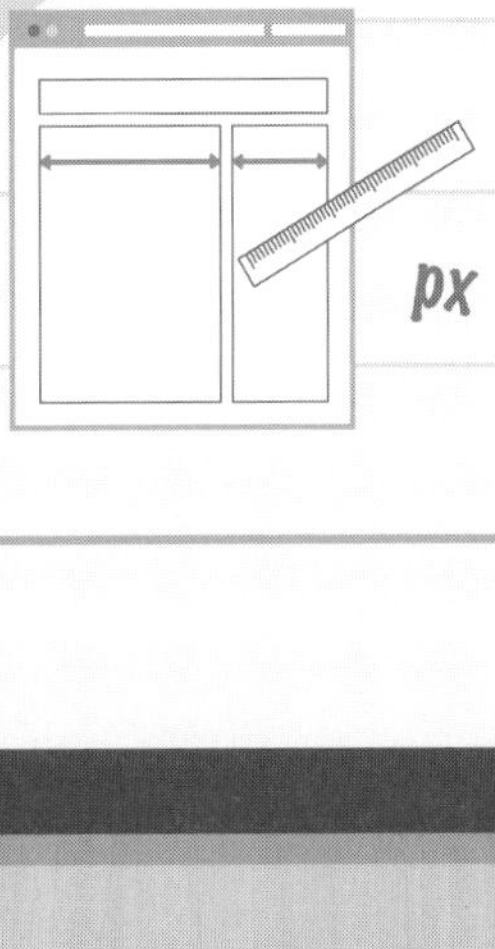

ウェブ上の文書に枠組み（レイアウト）やデザインを指定するための言語であるCSSのコードのイメージを学びます。

5

01 ウェブサイト作りは新聞の版組み作業

「ウェブサイトくらいは作れるようになりたい」とおっしゃる中高年の方々は非常に多いです。

「作るための基本と原則がわからない！」という方がほとんどですので、ここではそれをつかんでくださいね！

ウェブサイト作りとは？

ウェブサイト作りは、「新聞の版組作業」とよく似ています。

❶まず、紙面に長方形の箱を割り当てます。

❷次に、それぞれの箱の中に、「記事」や「画像」をはめ込んでいきます。

では左図の実際のウェブサイトの例を見ていきましょう。

HTMLとCSS

ウェブサイト作りのための言語であるＨＴＭＬとＣＳＳについて簡単に知っておきましょう。

◆ＨＴＭＬ

ウェブで段落や箇条書きなどの文書構造を指定して文書を書くための言語

◆ＣＳＳ

レイアウトやデザインを指定するための言語

長方形の箱を割り当てる（CSS）

まず、画面に長方形の箱を割り当てて、余白を含めた全ての寸法を予め決めてしまいます。

次にそれぞれの箱に名前をつけ、実際にＣＳＳでコーディングしていきます（▼96ページ）。

記事や画像をはめ込む（HTML）

それぞれの箱の中に、文字情報や画像をＨＴＭＬを使って見出しや箇条書きなどを指定しながらはめ込んでいきます（▼98ページ）。

ウェブサイトの例

http://www.itcooking

ITクッキング教室

和食　洋食　中華　デザート

すき焼き

材料

●牛肉	600g
●ねぎ	1本
●豆腐	2丁
●しらたき	1パック
●春菊	1把
●サラダ油	適量
●卵	3個
●すき焼のたれ	500mℓ

調理方法

1 牛肉を適度に切る。
ねぎを3cm幅に切る。
豆腐は2cm角くらいに切る。

2 鍋を熱し、サラダ油をひいて鍋全体になじませる。牛肉の両面を軽く焼き、焼き色がついたところで、すき焼のたれを入れる。

3 加熱を続けながら、ねぎ、豆腐、しらたき、春菊を入れ、混ぜながら全体に色づくまで煮る。

人気のメニュー

肉じゃが

ハンバーグ

カレーライス

鮭の塩焼き

サラダ

5

02

枠組みやデザインを作る

▼▼CSS

ウェブサイトの設計図

CSS

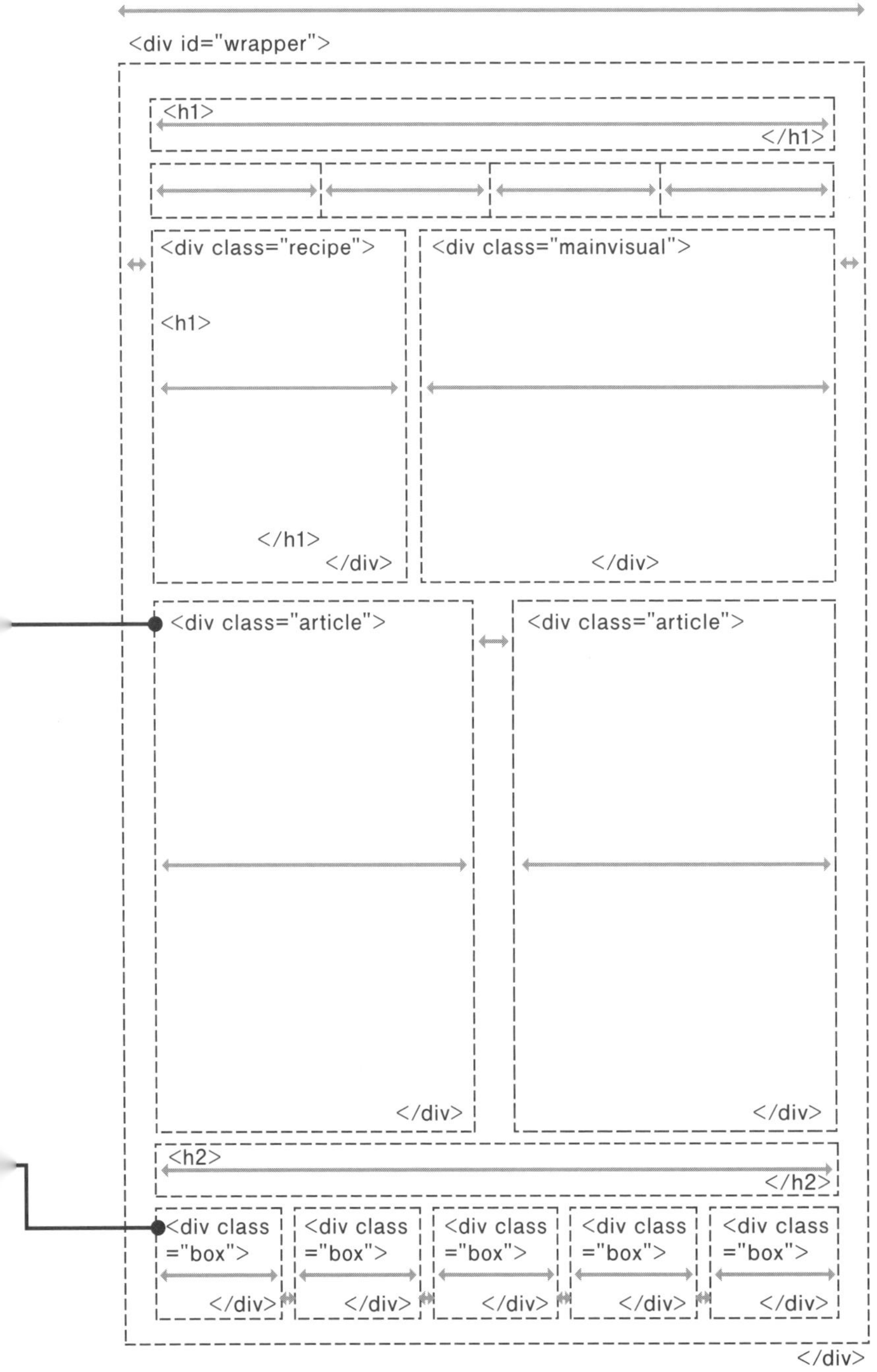

コードのイメージ

箱は<div> </div>タグで囲って表します。

箱の名前は class =○○○

あるいは id =△△△で表します。

箱の名前

article

<div class="article">

CSSのコード

```
.article{
 width:340px;
 margin:0 20px 50px 0;
 float:left;
}
```

- 箱の横幅を340pxに指定
- 箱の周囲の余白を指定
- 隣の箱を左から整列させる。

箱の名前

box

<div class="box">

CSSのコード

```
.box{
 width:140px;
 margin:0 10px 0 10px;
 float:left;
}
```

- 箱の横幅を140pxに指定
- 箱の周囲の余白を指定
- 隣の箱を左から整列させる。

5

03

文字と画像を入れる

HTML

文字・画像などの記述

HTML

ITクッキング教室
和食
洋食
中華
デザート
すき焼き
材料
●牛肉 600g
●ねぎ 1本
●豆腐 2丁
●しらたき 1パック
●春菊 1把
●サラダ油 適量
●卵 3個
●すき焼のたれ 500mℓ
調理方法
1 牛肉を適度に切る。
ねぎを3cm幅に切る。
豆腐は2cm角くらいに切る。
2 鍋を熱し、サラダ油をひいて鍋全体になじませる。牛肉の両面を軽く焼き、焼き色がついたところで、すき焼のたれを入れる。
3 加熱を続けながら、ねぎ、豆腐、しらたき、春菊を入れ、混ぜながら全体に色づくまで煮る。
人気のメニュー
肉じゃが
ハンバーグ
カレーライス
鮭の塩焼き
サラダ

コードのイメージ

HTMLタグを使って文字や画像を
入れ込んで、表示内容を指定します。

大見出しタグ

▶▶ 見出しにします。

<h1></h1>

HTMLのコード

```
<h1>IT クッキング教室</h1>
```

リストタグ

▶▶ 箇条書きにします。

<ul>
<li>　</li>
<li>　</li>
<li>　</li>
</ul>

HTMLのコード

```
<h3>材料</h3>
<ul id="food">
<li>牛肉         600ｇ</li>
<li>ねぎ         1本</li>
<li>豆腐         2丁</li>
<li>しらたき     1パック</li>
<li>春菊         1把</li>
<li>サラダ油     適量</li>
<li>卵           3個</li>
<li>すき焼のたれ  500ml</li>
</ul>
```

イメージタグ

▶▶ 画像を表示します。

<img src=“画像ファイルの指定”/>

HTMLのコード

```
<img src="images/food_01.jpg" />
```

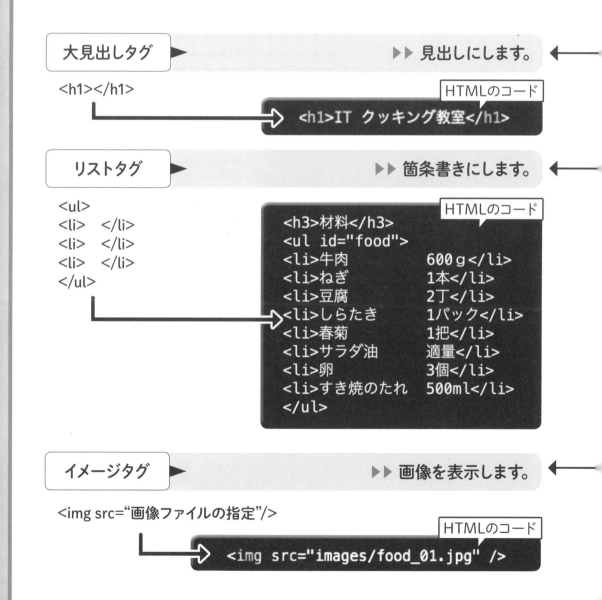

5

04 もっと簡単な方法がある！

WordPress《ワードプレス》を使おう

素人には難しいウェブサイト制作

これまでウェブサイトがどのような仕組みで作られているのかを解説してきました。

「1から作るのは大変そうだな」

そうお感じになられたのではないでしょうか？　それはその通りで、プロの制作現場でも、デザインから起こして作るのはとても大変な作業なのです。ですので……

「素人の人がウェブサイトを1から作るのはお勧めできない」

のが正直なところです。

その理由には、以下の2つがあげられます。

理由1　素人が実務に通用するデザインを起こすのはほぼ無理。

理由2　素人がHTML・CSSを使って、複雑なコーディング作業を行うのは徒労に終わる可能性が高い。

素人からプロまで必須の道具

では、私たち素人はどうすればよいのでしょうか？

そのための便利なツールとしてワードプレス（WordPress）が用意されています。それを使えば、素人からプロまで誰もが簡単にウェブサイトを作成できるのです。信じられないことに、デザインもコーディングも行わずに、すぐにウェブサイトを立ち上げることが可能です。

ワードプレスの特長

ワードプレスをお勧めする理由として以下の特長があります。

❶様々なデザインテンプレートが無料で多数用意されている

❷コーディングなしに、素人でも記事や画像などのコンテンツを

投稿したり、更新したりできる

❸自前でサーバーを用意するので、ビジネスで広告やアフィリエイトなどを行う際の自由度が高い

❹ユーザーが非常に多いために、書籍や情報が豊富である

---

❺プラグインという仕組みによって色々な機能を追加できる

このように大変優れた仕組みであるため、個人も法人も最後はワードプレスに行き着くといっても過言ではありません。

WordPress導入のイメージ
手順1
レンタルサーバーと契約します。
（6ヶ月で3000～4000円程度です）
WordPress
自前のサーバー
手順2
WordPressをインストールします。
（無料です）
手順3
デザインテンプレート（テーマ）を選択する。
（無料と有料あり）
テーマA
テーマB
手順4
ページや記事のコンテンツ（文字・画像）を入れ込んで内容を整える。
50代からのプログラミング
あなたでも出来る！
公開！

❸ Google広告

「時間と労力がかかる」という検索やSNSの問題を「お金で補う」のが有料広告です。例えばGoogle広告には、登録したキーワードが検索されたときに表示される「検索連動型広告」と、キーワードやサービスと関連性の高いニュースサイトなどに表示される「ディスプレイ型広告」があります。表示回数への課金と、クリックされた回数への課金を選択でき、1日1000円程度から開始できるので、気軽に経験を積むことができます。

❹ Facebook広告

同様に、Facebook広告も気軽に開始できるウェブ広告です。学歴や年齢、趣味や関心などの細かい属性に基づいたターゲット顧客に配信できる点が特長です。Google広告と同様に、表示回数への課金とクリック回数への課金を選択できます。

ウェブサイトへの誘導と潜在顧客獲得

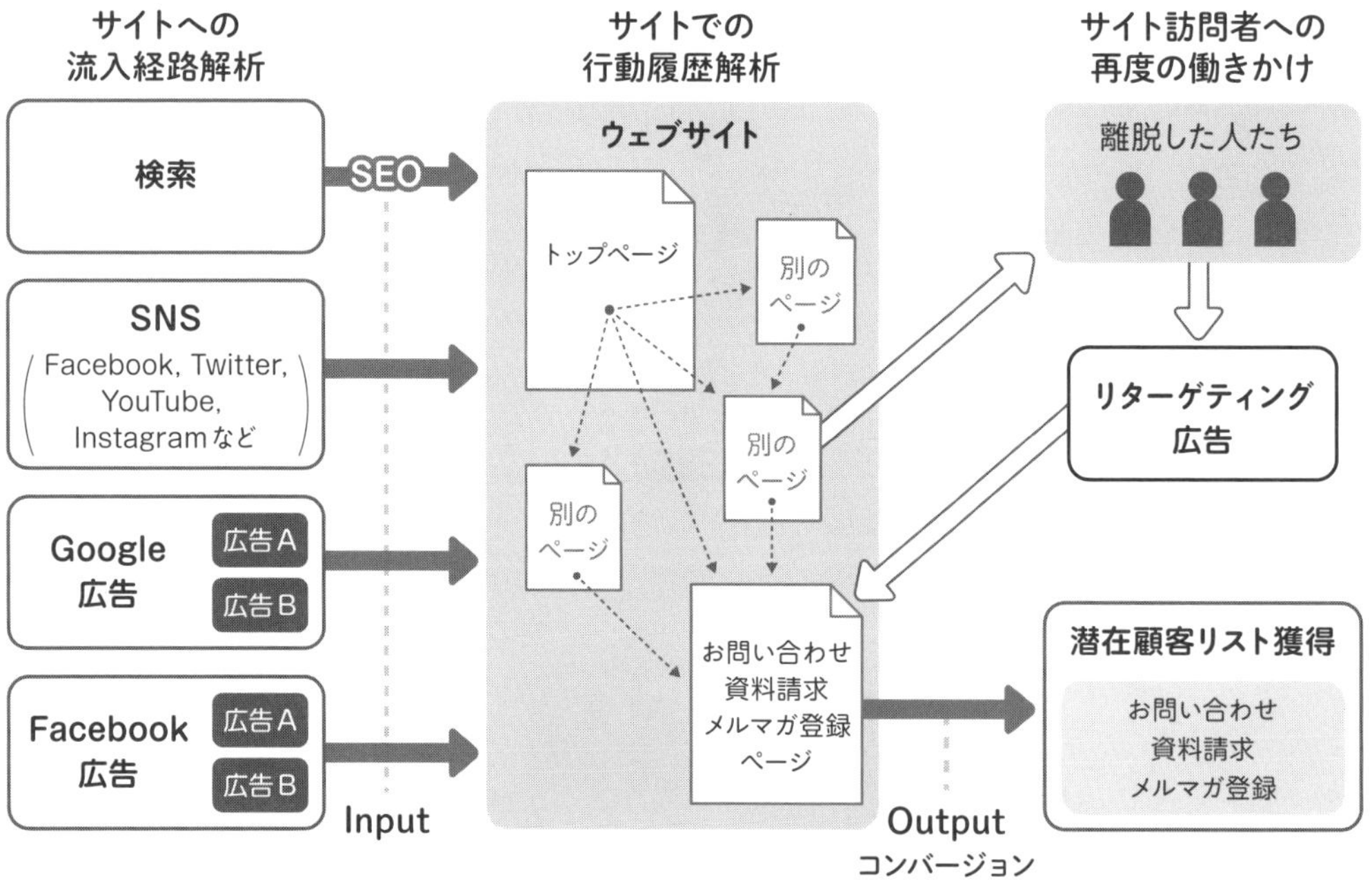

コンバージョン率（Output/Input）を改善する活動を続ける

column 05

ウェブマーケティングの仕組み

ネットビジネスにも「マーケティング」と「営業」が必要で、それらを総合して「ウェブマーケティング」と呼びます。ここでは全体像をわかりやすく解説し、専門用語へのアレルギーを解消します。

Step1 ウェブサイトへの誘導と潜在顧客獲得

第一段階の活動目的は、サービスのターゲットに合致する「潜在顧客」を、自分のウェブサイトに「安く」「大量に」集めてリスト化することです。

1）ウェブサイトへの流入経路

❶ 検索

検索エンジンからの流入を狙うのがスタートであり、ゴールでもあります。購入意欲の高い潜在顧客を集めることができ、イベント参加やお申込みへとつながる割合（コンバージョン率）が高く、しかも無料です！　検索上位に表示されるようウェブサイトを最適化していくことをSEOと呼び、以下の点が重要とされています。

- キーワードを設定し、良質の記事を大量に投稿する（コンテンツマーケティング）。
- 信頼できるサイトであることを訴求する（SSL対応、コードの最適化、サイトマップの設置など）
- 読み手に親切なサイトであることを訴求する（スマホ対応、読み込み速度など）

「良い記事を大量に投稿し、定期的に更新する」のが鉄則なので、「時間と労力」がかかります。

❷ SNS（Facebook、Twitter、YouTube、Instagramなど）

つながりと信頼を作ってから、サイトに誘導する手法です。最大の特長は、あなたの書いた記事に好感を持った人が、「拡散」してくれることです。また初めから価値観を共有しやすい人を集めることができます。無料であることも大きな魅力ですが、ファンを増やすのに「時間と労力がかかる」という点は、❶検索と同じです。

を「CRM：カスタマー・リレーションシップ・マネジメント」と呼びます。最近では、ITを使って大量の顧客情報を扱うCRMシステム（Salesforceなど）が多数あります。

CRMの各プロセスと、そこでの顧客の特長を解説します。

Phase 1　営業ステージ

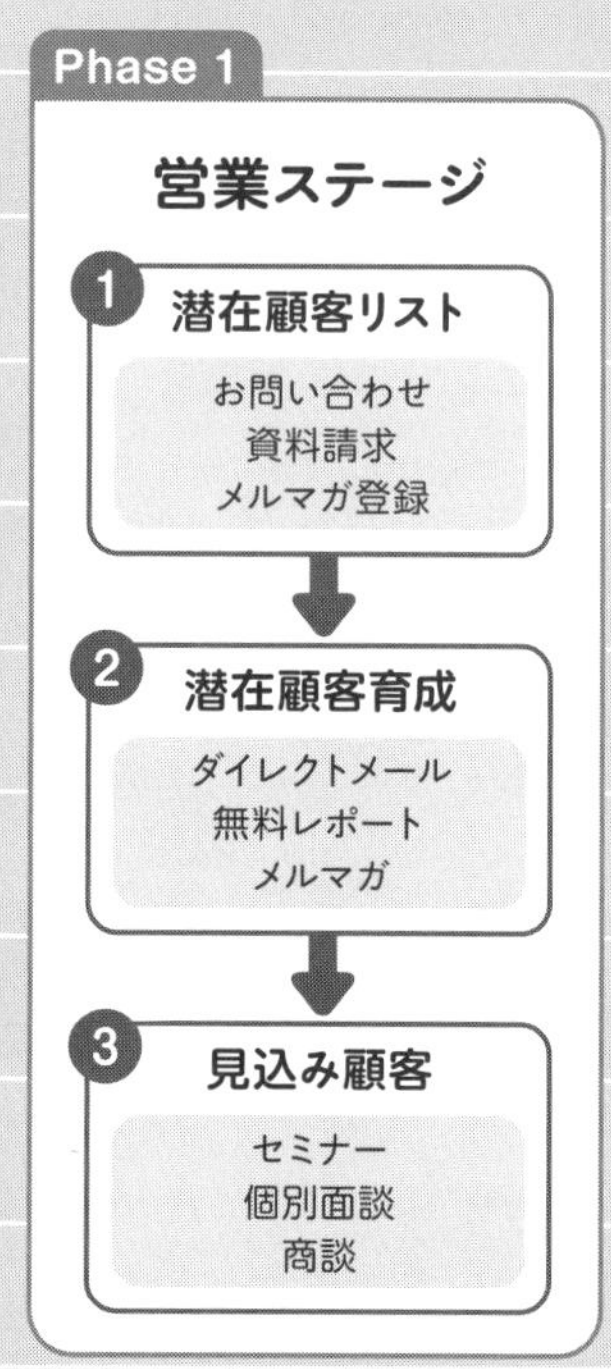

❶ 潜在顧客リスト

Step1 で見てきたように、ウェブサイトへ誘導した後で、「お問い合わせ」や「メルマガ登録」などにコンバージョンした潜在顧客のリストがその後の営業活動の元となります。

❷ 潜在顧客育成

獲得した潜在顧客リストに対し、あなたの理念や課題解決能力を伝えていきます。「無料レポート」「メルマガ」などを通じて、有益な情報を惜しげもなくGiveし続けることがポイントです。

「無料でこんな情報をくれるのだから、有料だったらもっと凄いに違いない！」と思ってもらい、「もう他人のような気がしない」という印象を、実際に会う前から与えることが重要です。

❸ 見込み顧客

次に、「オンライン上での関係性」を構築できた潜在顧客を、「無料セミナー」や安価な「個別相談」に招き、直接商品やサービスのごく一部を提供します。この「お試し」商品・サービスを申し込んでくれた方々を「見込み顧客」と呼びます。

2）サイトでの行動履歴解析

サイトに誘導された潜在顧客が最初に見るページを「ランディングページ」と呼びます。その内容が顧客の要求に合致していることが非常に重要になります。合致していれば、詳しい情報を求めて他のページを見に行ったり、最終的には「問い合わせ」や「資料請求」といった行動へ誘導できます。

潜在顧客が行動を起こすことを「コンバージョン」と呼び、そこで得たメールアドレスや氏名などの情報を「リスト」と呼びます。

コンバージョン率(%)＝コンバージョン数(output)／サイトに流入したアクセス数(Input)× 100

コンバージョン数を、サイトに流入したアクセス数などで割ったものを「コンバージョン率」と言います。少ない費用で極力高いコンバージョン率が得られるよう、ウェブサイトの内容や申し込みボタンの色などを繰り返し工夫します。そのための分析ツールGoogle Analyticsは、ウェブマーケティングに必須となっています。

3）サイト訪問者への再度の働きかけ

通常、コンバージョン率はどんなに良くて数パーセント程度しかなく、ほとんどのサイト訪問者はコンバージョンせずにサイトを離脱してしまいます。しかし、その人達はこのサイトの内容に何らかの関心を持っており、一度もサイトに来たことのない人よりは、コンバージョンする可能性が高いと考えられています。

その人達に向けて再度表示させる広告のことを「リターゲティング広告」と呼びます。最初に表示した広告とは別のメッセージを配信することも考えます。

Step2 顧客の育成プロセス（CRM）

Step1 で獲得した潜在顧客を実際にお金を支払ってくれる「新規顧客」にし、繰り返し購入してくれる「リピート顧客」へと育てていきます。最終的には、あなたの商品を周りの人に勧めてくれる「上得意客」にまで育てることを目指します。

上記の段階に応じてコミュニケーションやサービスを変え、顧客との関係性を育んでいくこと

Phase 2　関係性構築ステージ

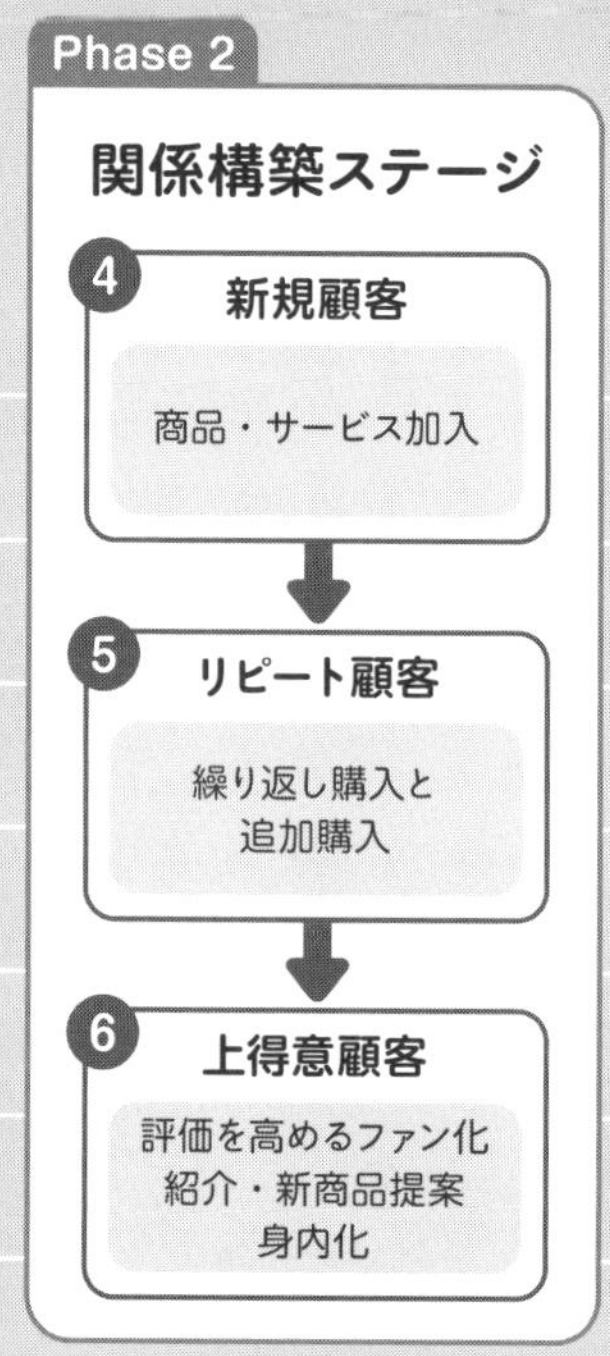

❹ 新規顧客

見込み顧客に向け、いよいよ定番の商品・サービスを売り込んでいくわけですが、この段階まで来ると「買う人は買う」し「買わない人は買わない」にはっきり別れます。前者の割合を増やしていく必要があるのですが、それは営業ステージで決まります。そこで、理想のお客様だけが残るようなメッセージを発信し続けているかどうかがポイントです。

❺ リピート顧客

「新規顧客」に比べると「リピート顧客」の獲得コストは断然低いので、利益率向上のためには「リピート顧客」が非常に重要です。

既存のお客様を満足させ続けるのはもちろんのこと、成長したお客様の今の気持ちを把握し、先回りして次の商品・サービスを提案し続ける必要があります。変化し続ける顧客ニーズの管理もCRMの役目です。

今よりも高い価格帯の商品へアップグレードしていただくことを「アップセル」、今とは別の商品を追加購入してもらうことを「クロスセル」と呼びます。どちらもリピート顧客の単価上昇を狙う手法です。

❻ 上得意顧客

いわゆる「ロイヤルカスタマー」、あなたの商品・サービスの熱烈なファンを指します。このレベルの顧客を絶えず育成する仕組みの構築が、すべてのビジネスの究極のゴールと言えるでしょう。

上得意顧客はリピート顧客のように利益率が高いだけでなく、長年のお付き合い（子や孫の代までも）になるので、生涯顧客価値（生涯通算の支払い金額）が最大化されます。

商品・サービスを通じて自分が得た「喜び・驚きの体験」を、周囲の人と共有しようとしてくれます。というか、そうしたくてしょうがなくなるくらいに、あなたのサービスを愛してくれます。

また愛するが余り、自分が社員であるかのように感じる「身内化」が起こります。改善提案やアイデアを出すことで、そのサービスの一部になることに喜びを感じるのです。そうなると、お金を払ってくれる営業部隊、開発部隊を抱えるようなものですよね。

第6章

作りたいものを作りながら稼ぐ！

Point3 アプリの作り方①
▶▶たった一つの機能に絞ろう！

まずは「必要最低限の製品」を作りましょう！　画面遷移図を作った後は、必要な処理（アルゴリズム）を整理していきます。

Point4 アプリの作り方②
▶▶アルゴリズムとデータを設計しよう！

次に必要なデータを洗い出して整理し、データベースを設計します。アプリ制作の設計段階の重要性を実感しましょう！

Point5 収益モデル①・②
▶▶ウェブ広告・アフィリエイト　▶▶リアル事業

ウェブサイトやアプリを制作した後、どのようにお金を稼ぐのか（マネタイズ）を学びます。ここでは広告とアフィリエイトの収益モデルを解説します。

Point6 収益モデル③
▶▶ウェブサービス／アプリ

今度はあなたの商品やサービスを販売して、収益化するモデルについて解説します。商品やサービスの価値を、必要としている人にいかに伝えていくかが鍵となります。

6

作りたいものを作りながら稼ぐ！ 6つのポイント

「好きで稼ぐ！」とか「作りたいものを作る」と言われても、
どうやって見つけるかが、わからないんですよね！
この章では誰でもできるその方法をご紹介します。

Point 1 好きで稼ぐ！ 発想法

▶▶誰ための、どんな課題を解決するか、が出発点

何を作ればいいかわからない！　そんな悩みにお応えし、誰でもできる「好きで稼ぐ！」発想法をご紹介。まずは「自分を知ること」が出発点です。

Point 2 ウェブサイトの作り方

▶▶中高年の第一歩はここから始まる！

自分の助けたい人と、その課題がある程度見えてきたらウェブサイトを作ってみましょう。考えを整理できますよ！

6

01 好きで稼ぐ！ 発想法

▼▼誰のための、どんな課題を解決するか、が出発点

「何を作ればいいかわからない」「作りたいものが思い浮かばない」

ウェブサイトやアプリを作るスキル（プログラミング）を学んだ後、いざ「何を作ろうか」となったときに、ほとんどの人が直面する悩みです。

ここでは、そんな人のために誰でもできる、好きで稼ぐ！ 発想法をご紹介します。

あなたの「好き」から発想する

人間自分の「好きなこと」や「得意なこと」は案外自覚しにくいものです。そこでまず、以下の2つのことを行ってみましょう。

❶「好きなこと」「得意なこと」を100個リストアップする

❷その中の似た者同士を集めて共通点を探してタイトルをつける

好きな色でも映画でもなんでもいいので直感的にドンドン書き出していくことがコツです。

ブログを30本書いてみる

次に、書き出した項目やテーマに関して、ブログを30本書いてみましょう。

最初は1記事あたり500文字程度で結構ですが、慣れてきたら800文字以上を目標にしてください。

また、あまり1記事に時間をかけないようにしましょう。目安は1記事あたり15～30分程度です。それ以上時間をかけると書くことが嫌になってしまいます。

その際、以下の点にも注意しながら書いてみてくださいね。

◆「こうだったらいいのになあ」
◆「ここですごく困るんだよなあ」
◆「そもそも何で好きになったの？」

誰をどうやって助けたいのか？

そうやってあなたの「好き」なことを掘り下げて整理することで、以

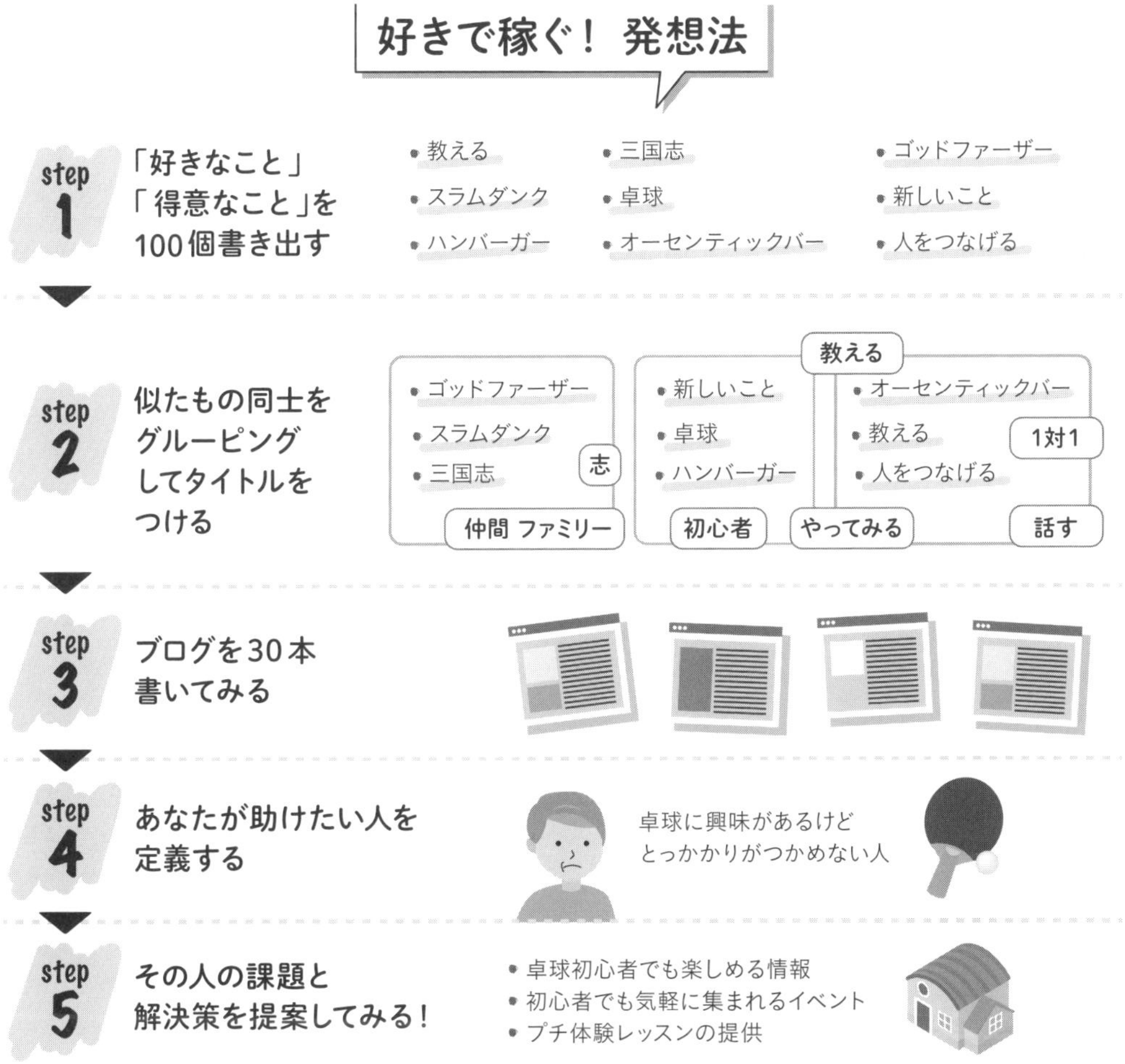
好きで稼ぐ！ 発想法
step 1
「好きなこと」「得意なこと」を100個書き出す
・教える
・スラムダンク
・ハンバーガー
・三国志
・卓球
・オーセンティックバー
・ゴッドファーザー
・新しいこと
・人をつなげる
step 2
似たもの同士をグルーピングしてタイトルをつける
・ゴッドファーザー
・スラムダンク
・三国志
志
仲間 ファミリー
教える
・新しいこと
・卓球
・ハンバーガー
初心者
やってみる
・オーセンティックバー
・教える
・人をつなげる
1対1
話す
step 3
ブログを30本書いてみる
step 4
あなたが助けたい人を定義する
卓球に興味があるけどとっかかりがつかめない人
step 5
その人の課題と解決策を提案してみる！
・卓球初心者でも楽しめる情報
・初心者でも気軽に集まれるイベント
・プチ体験レッスンの提供

下のことが見えてきます。

◆あなたが助けたい人
◆その人のどんな課題を解決してあげたいのか

ここで大切なのは「あなたが助けたい人」は「あなた自身」であっても構わない、ということです。

その人が「どのような状況の」「どんな考えの人なのか」は明確に定義するようにしてください。

こうして「誰をどうやって助けたいのか」が明確になれば、作りたいウェブサイトのコンセプトもアプリの機能も必ず見えてくるはずです。

6

02

ウェブサイトの作り方

▼▼中高年の第一歩はここから始まる！

あなたの助けたい人や課題が整理されたら、早速ウェブサイトを作ってみましょう！　中高年の方にお勧めの手順を以下にご紹介します。

サイトの目的を決める

まずはサイトの目的を最初に明確にしておきましょう。

◆ブログ・動画などの情報提供用

◆商品・サービスを販売するための集客用　など

こうして目的を決めることで、コンセプトをぶれなくしたり、後から余計な機能やページを増やさないようにすることができます。

◆サイトのコンセプトカラーとイメージを決める

あなたの助けたい人や提供したい内容にふさわしい色と雰囲気をイメージします。

あなたの関心のある分野や内容（例：テニス、初心者）について以下のことをしてみましょう。

❶お手本となるサイトを10個検索する

❷イメージにあう画像を30個検索する（無料画像サイト＊を使ってください）

❶❷が終わったら、色と画像の雰囲気を絞っていきます。

必要なページと機能を決める

前述した「サイトの目的」に応じて、必要なページと機能を決めましょう。その際にお手本となるサイトの構成も参考にしてみてください。基本は「真似る」ことですよ！

◆必要なページの例

プロフィール・このサイトについて・基礎知識・サービス一覧と価格・所在地・会社概要　など

◆機能の例

お問い合わせフォーム・お申込み

フォーム・メルマガ登録　など

デザインテンプレートを選ぶ

ワードプレス（WordPress）ではデザインテンプレート（テーマ）を検索することができます。

◆色や雰囲気

◆必要なページ

これらがなるべく近いものを、まずは3個程度選んでみましょう。

いきなり一つに決めるのではなく、少しづつ画像やページを仮に当てはめながら検討してみてください。

始めは「いいな」と思っても、実際に使ってみると画像がイメージと合わなかったり、ページが思ったように作れなかったりしますので注意が必要です。

先々の苦労を考えますと、デザインテンプレートの選択の際には、プロや経験者からのアドバイスを得るのがお勧めです。

簡単！ ウェブサイトの作り方

目的

卓球に興味のある初心者に気軽な卓球の情報を伝える

色とイメージ

- 親しみやすくて気軽な感じ
- ポップなオレンジ系
- やわらかな曲線

必要なページと機能

- このブログについて
- 筆者プロフィール
- 初心者向け基礎知識
- 卓球場一覧
- お問い合わせフォーム

参考サイトを検索

他の分野で似たようなサイト探す
自分が「好きだな」と思うサイトを探す

画像を検索

無料画像サイト：ぱくたそ、Photo ACなど*

テンプレートを選ぶ

*ぱくたそ▶https://www.pakutaso.com/　Photo AC▶https://www.photo-ac.com/

6

03 アプリの作り方①

▼▼たった一つの機能に絞ろう！

今度はアプリ制作を目指したい中高年の方向けに、お勧めの手順を紹介します。

アプリの目的をとにかく一つに絞る

初心者の方のための鉄則として、

◆課題を解決するための「たった一つの機能」に絞る

ことをお伝えしたいと思います。

皆さんのような初心者が楽しく継続するためには、「小さな成功体験」を積み重ねることが大切です。

余計な機能（会員登録・ログインやマイページ機能など）を作りたくなるのをじっと我慢して、できるだけ小さなアプリを早く完成させることに注力するようにしてください。

たった一つの機能をもつアプリの成功例としてグーグル（Google）検索を思い浮かべてくださいね。

誰が「何を」するアプリなのか

では「たった一つの機能」を持つアプリを考えるにはどのようにすれば良いのでしょうか？

それには、以下のことをイメージしてみてください。

◆あなたが助けたい人が
◆どんな課題解決のために
◆何をするアプリなのか

さきほどのグーグル検索で言うと、以下のようになります。

◆欲しい情報になかなか辿り着けない人が
◆インターネット上で欲しい情報を効率よく探すために
◆検索をするためのアプリ（サービス）

画面遷移図を設計する

画面遷移図とは、以下の入力と出力

の画面が繰り返される様子を図にしたものを言います。

◆ユーザーがデータを入力するための画面

◆アプリ（システム）が出力・表示するための画面

銀行のＡＴＭの画面操作をイメージしてもらえればわかりやすいと思います。

サービス内容選択画面→暗証番号入力画面→引き出し金額入力画面→残高表示画面→終了画面のようなイメージです。

あなたの作りたいアプリについてこの画面遷移図を手書きで良いので作成してみましょう。

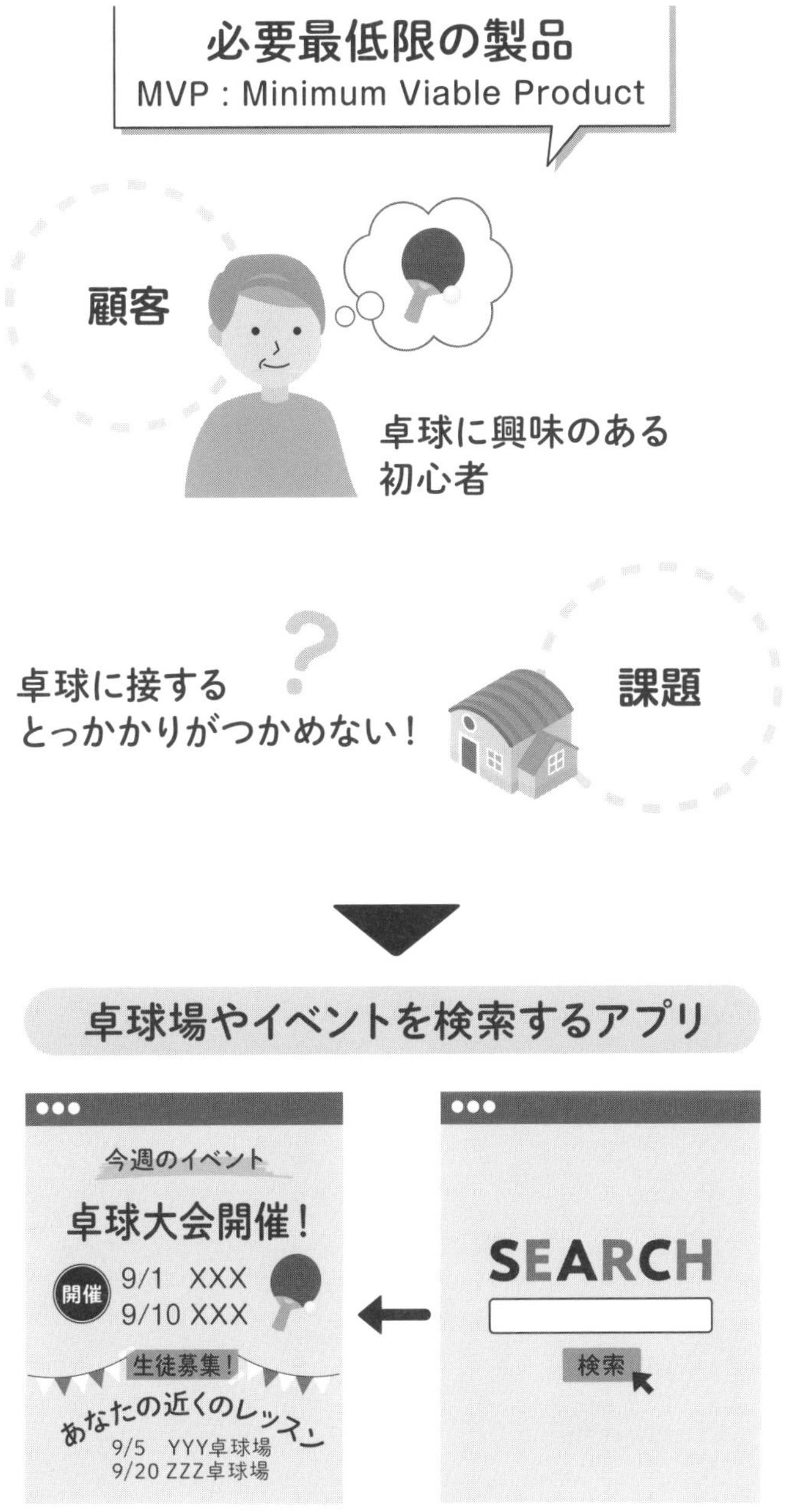

画面遷移図

6

04 アプリの作り方②

▼▼アルゴリズムとデータを設計しよう！

前節の続きです。

データを抽出してデータベースを設計する

画面遷移図によって画面の流れが見えてきたら、各画面の表示や処理に伴って発生するデータを抽出して整理しましょう。

必要なデータを洗い出して整理できたら、第4章の3節で触れたように、最も効率が良く、永続性のあるデータベース構造を設計します。

繰り返しになりますが、このデータベース設計によっては、将来のアプリの拡張に伴ってゼロから作り直しになる可能性もありますので注意が必要です。

可能であればこの段階で、信頼できるプロのエンジニアの方にチェックしてもらうことをお勧めします。

機能を実現するアルゴリズムを作成する

あなたの「たった一つの機能」を実現するための方法、すなわちアルゴリズムを作成しましょう。

アルゴリズムとは

◆目的達成のためのロジック、ストーリー

でしたよね。

この段階でプログラミング言語を使ってコーディングする必要はありません。というか、してはいけません。

まずはどうやったら目的が達成できるか、そのロジックとストーリーを日本語で書いてみてください。

ひたすら作る

これで、以下の準備が整いました。

◆画面の構成（HTML・CSS）
◆処理の内容（アルゴリズム）
◆データベース

つまりあなたのアプリの「設計」が終了したことになります。

あとはひたすらプログラミング言語を使ってコーディングしていくだけです！

「設計」の作業がいかに重要で、それが終わってしまえば後のコーディングは「単なる作業」にすぎない、ということをおわかりいただければ嬉しいです！

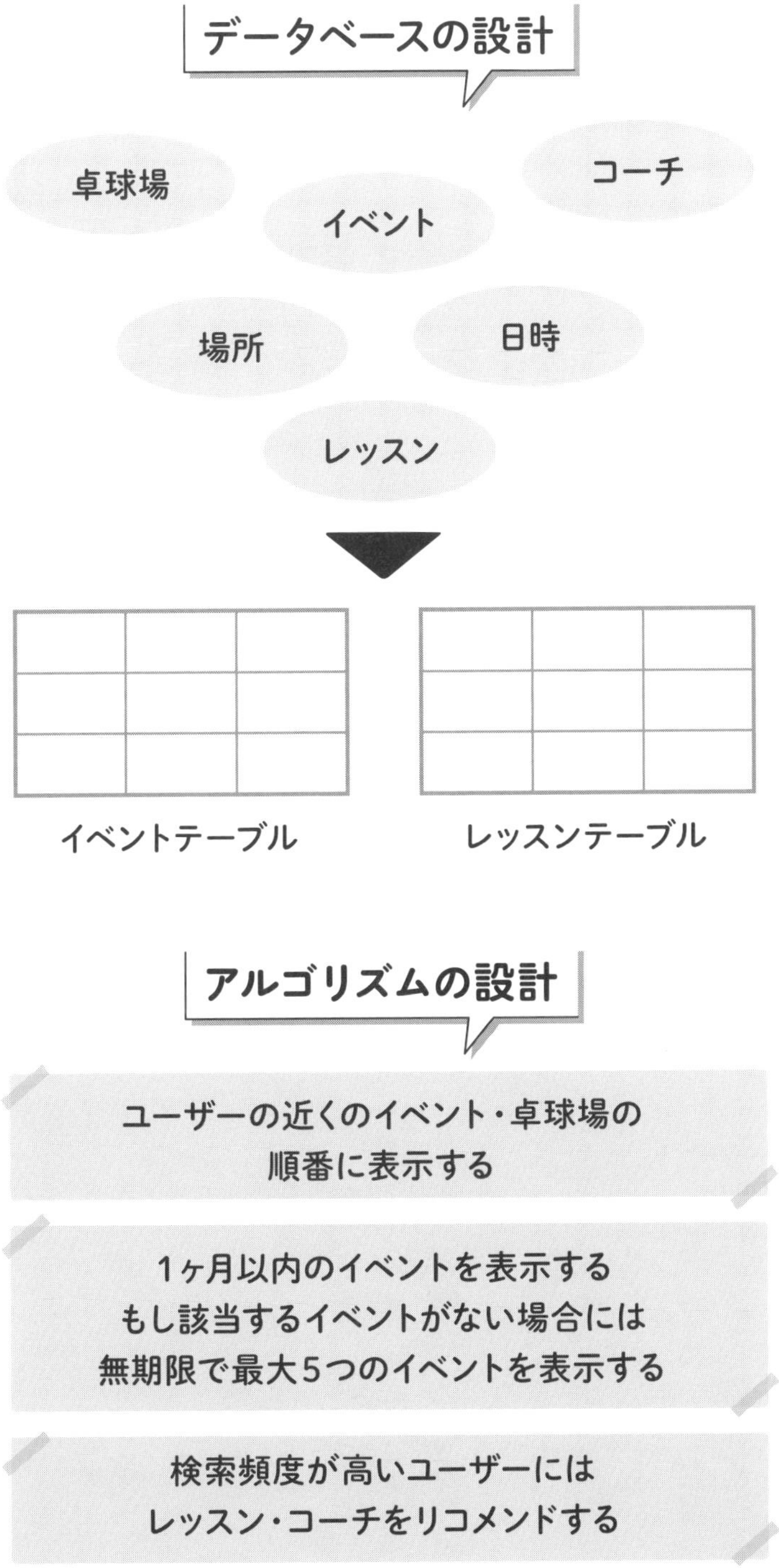
データベースの設計
卓球場
コーチ
イベント
場所
日時
レッスン
イベントテーブル
レッスンテーブル
アルゴリズムの設計
ユーザーの近くのイベント・卓球場の
順番に表示する
1ヶ月以内のイベントを表示する
もし該当するイベントがない場合には
無期限で最大5つのイベントを表示する
検索頻度が高いユーザーには
レッスン・コーチをリコメンドする

6

05 収益モデル①・②

▼▼ウェブ広告・アフィリエイト

▼▼リアル事業

ウェブサイトやアプリを制作した後、どのようにお客様を集めてお金を稼ぐのか？　気になる収益モデルについて解説しましょう。

ウェブサイト

〜あなたのネット上の店舗

ウェブサイトはあなたのネット上の店舗であり、広告の役割も果たします。あなたがどんな「課題を解決してくれるのか」を伝えるための大切な場所となります。

集客

第5章のウェブマーケティングのコラムでも触れましたが、ウェブサイトに誘導する方法は、以下の3つに分かれます。

◆検索から誘導（無料）

◆SNSから誘導（無料）

◆有料広告から誘導（有料）

このようにウェブサイトに誘導した潜在顧客を、CRM*の手法で新規顧客からリピート顧客へと育てていくのでしたよね。

ウェブ広告・アフィリエイト

〜マネタイズの手法（1）

ウェブサイトへのアクセスを稼いだとしても、あなたの商品やサービスを購入してもらうまでには、時間がかかります。そこでまずお勧めしたいのは、ウェブ広告とアフィリエイトです。

◆ウェブ広告

グーグルアドセンス（Google Adsense）という仕組みを使うと、あなたのサイトに簡単に広告を設置できます。簡単な審査がありますが、ブログの記事を20〜30本掲載していれば、多くの場合、審査に通ります。

◆アフィリエイト

書籍や商品をあなたのブログを通

収益モデル1 ウェブ広告・アフィリエイト収入

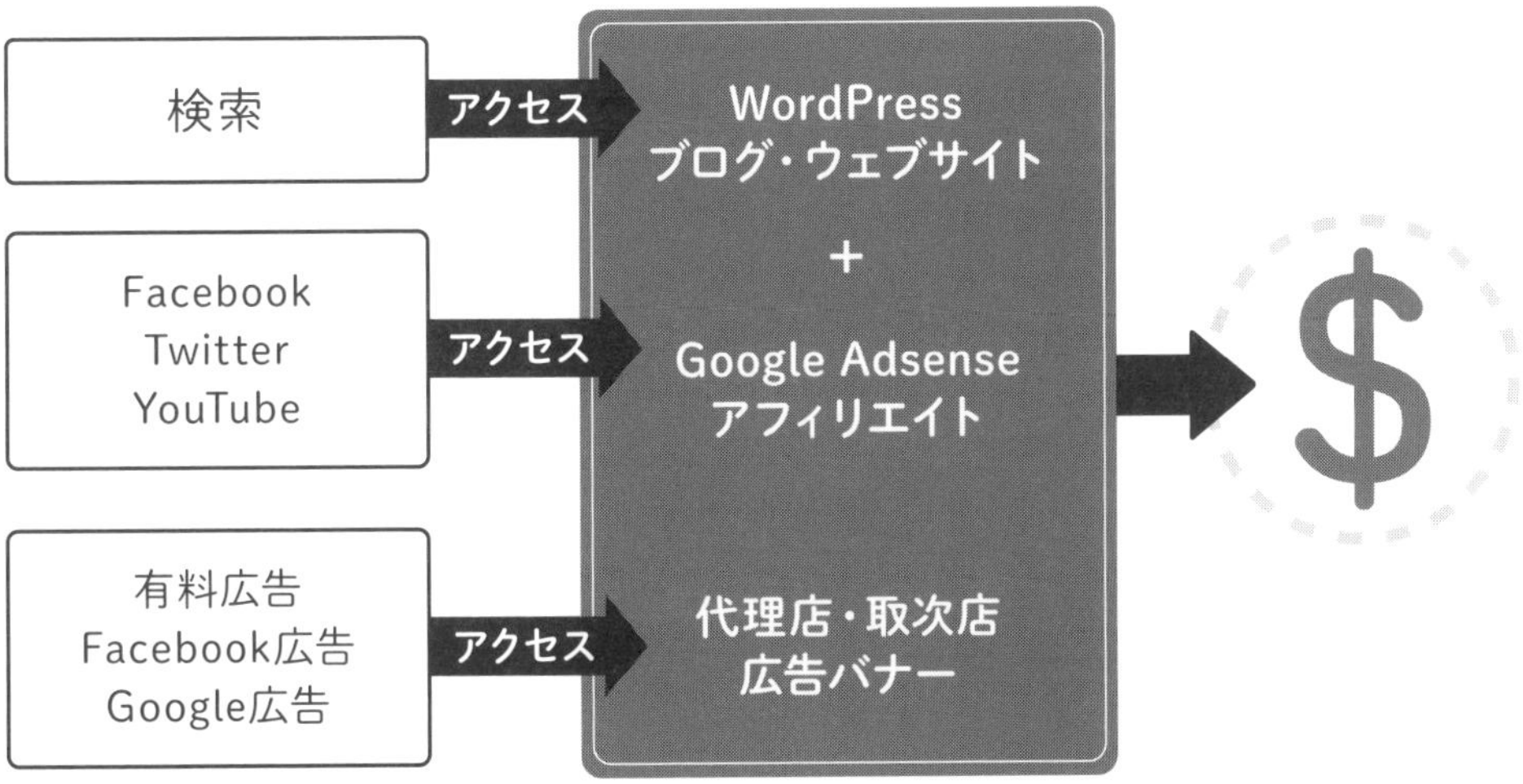

じて紹介することで、販売金額の何パーセントかを得ることができる仕組みです。A8ネット**などのアフィリエイトサービスに登録（無料）することで、商品の広告を簡単にブログに貼ることができます。

ウェブ広告もアフィリエイトも、最初は数円から数百円しか入ってきませんが、ゼロから稼いだ経験を持つことが自信につながります。ブログやサイトを継続して運営していくモチベーションになることも重要です。

リアル事業
~マネタイズの手法（2）

あなたのサイトにアクセスが集まり、メルマガ登録などの反応が起こるようになったら、サービスや商品の販売に挑戦してみましょう。

*CRM　顧客関係管理（Customer Relationship Management の略）　**A8 ネット　▶https://www.a8.net/

収益モデル2 リアル事業収入

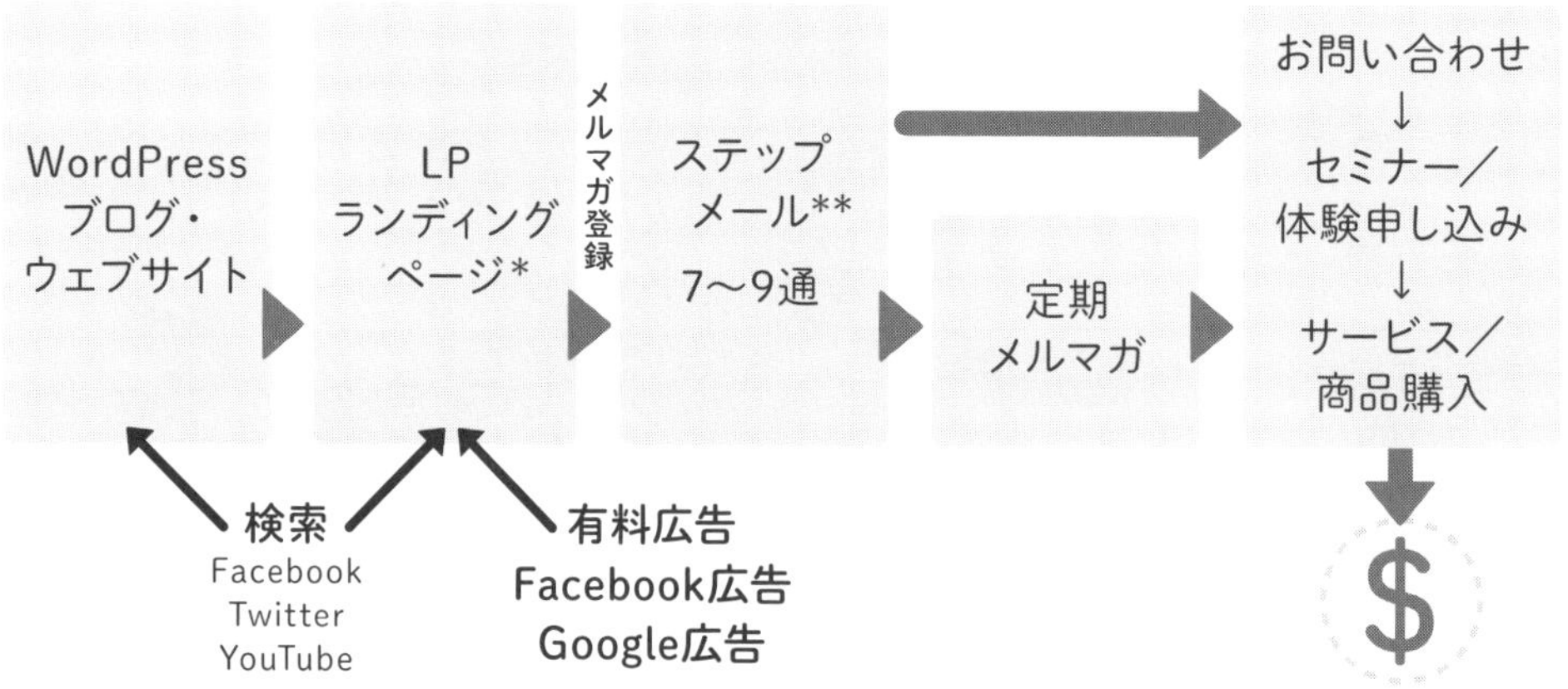

*ランディングページ（LP）
広義には検索あるいは広告から最初にアクセスしたページのことを言います。ここではウェブマーケティング上の「商品を売るために作られた1枚で完結するページ」のことを意味しています。ユーザーの興味を引き、ページの最後までスクロールさせることで会員登録や商品購入などのコンバージョンを達成することを目的に作られます。

**ステップメール
メールマーケティングの1つで、会員登録などの特定のアクションを行った顧客に対して事前に用意したシナリオを持つ複数のメールを定期的に自動配信するものを言います。
顧客目線で有益な情報を提供することで信頼を獲得し、商品やサービスの購入につなげるための手法です。

ferret：ランディングページ▶ https://ferret-plus.com/1048
LISKUL：ステップメールを5分で理解できる！ 自社の事例とノウハウを公開▶https://liskul.com/step-mail-15505

◆リアルサービス

コンサルやコーチング、セミナー開催などがこれにあたります。この分野は競争が激しいので、

・超ニッチなニーズで、競合がほとんどいないサービス

を販売するとよいでしょう。信頼感も高いハードルとして存在するので、最初は無料セミナーなどを開催するのがお勧めです。

◆商品販売

最近は非常に低コストで商品をネット販売する仕組みが整っていますので始めるのは簡単ですが、実際に売り上げるのはとても大変です。リアルサービス同様、超ニッチかつ競合のいない商品を開発する必要があります。

6

06

収益モデル③

▼▼ウェブサービス／アプリ

ウェブサービス／アプリ
～マネタイズの手法（3）

プログラミングによって開発したウェブサービスやアプリを使って収益化する方法を説明します。まず、ハードルの低い、アマチュアにお勧めの2つの方法をご紹介します。

◆集客のツールとして使う

ウェブサービス自体に課金するのではなく、顧客を多く引きつけるための道具として、ウェブサイトに設置しておく方法です。例えば、「メールアドレスを登録すれば無料でサービスを利用できます」といった形にしておいて、顧客リストの収集に使う、ということはよく行われています。同じ目的でスマホアプリを無料でダウンロードさせることもあります。

◆広告／アフィリエイト

制作したウェブサービスやアプリの人気が出て、それを設置したウェブサイトへのアクセス数が増えれば、そのページやアプリに広告を設置することで収益化することも可能です。

次に、技術的にもビジネス的にも難易度が高いルートです。

◆フリーミアムモデル*（無料→有料）

基本機能は無料提供し、一部の有料ユーザーから収益化するモデルです。追加機能や追加容量、会員限定コンテンツなどによって課金していきます。有料ユーザー獲得には多くの試行錯誤とある程度以上のユーザー数が必要になります。

◆ダウンロード課金

アプリをダウンロードするときに課金する方法です。最近では無料アプリでも非常に優秀なものが多いため、アマチュアが有料アプリを成功させるのは非常に難しい状況です。

収益モデル3 ウェブサービス・アプリ収入

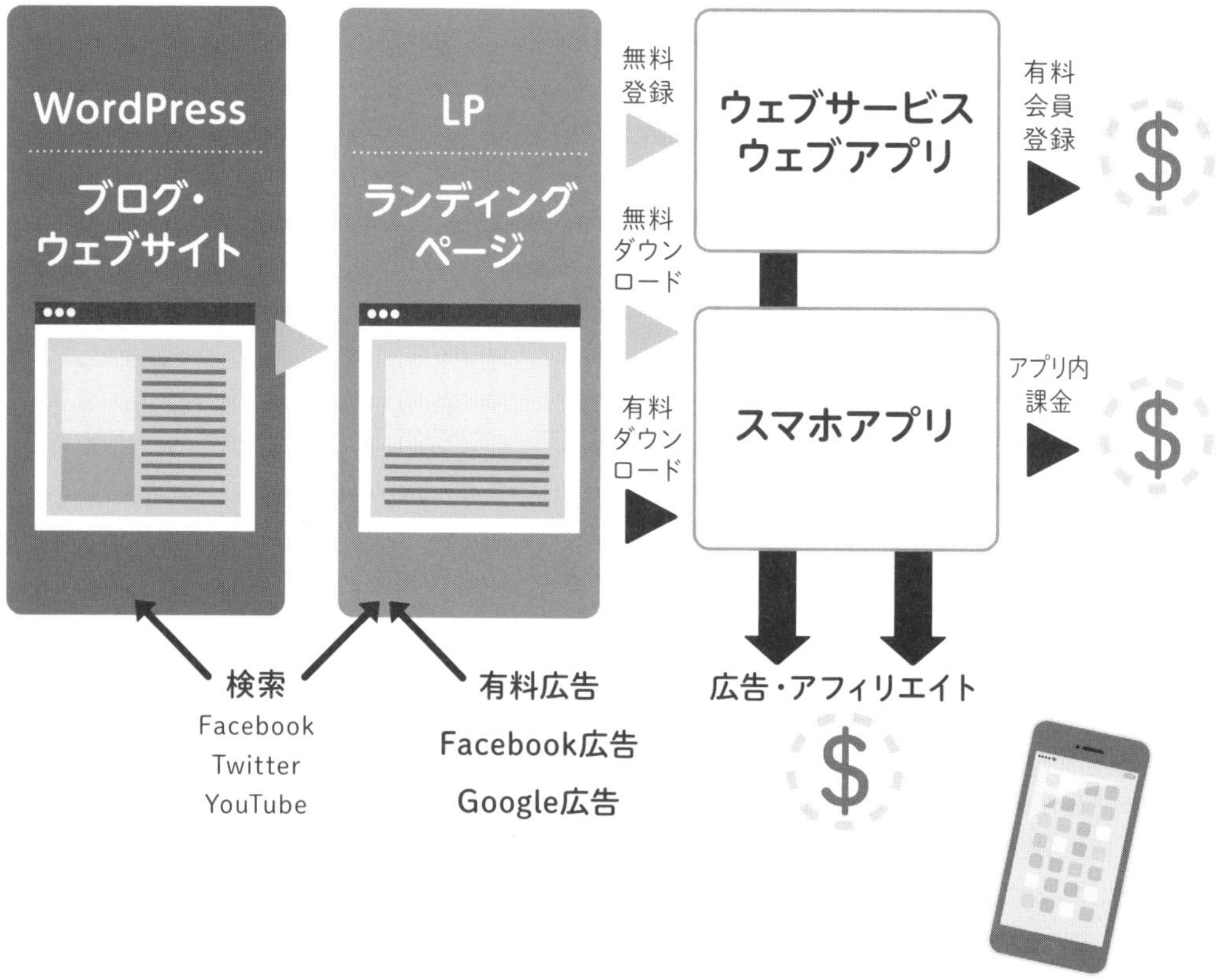

まとめ

私が考える「アマチュアが挫折しにくい収益化のプロセス」をまとめると以下のようになります。

1. 最初はウェブサイトにアクセスを集めて広告・アフィリエイト収入で「最初の千円」を稼ぐ

⬅

2. 集まった顧客にセミナー・コーチングなどのリアルサービスを提供して、「月5万円」を目指す

⬅

3. 課題を解決するためのアプリを制作し、ウェブサイトに設置して、集客と広告収入に活かす

⬅

4. ウェブサービスとアプリを有料で販売してみる

どのステージにおいても、ウェブサイトにおける集客が基盤となる、

ということを忘れないでくださいね。

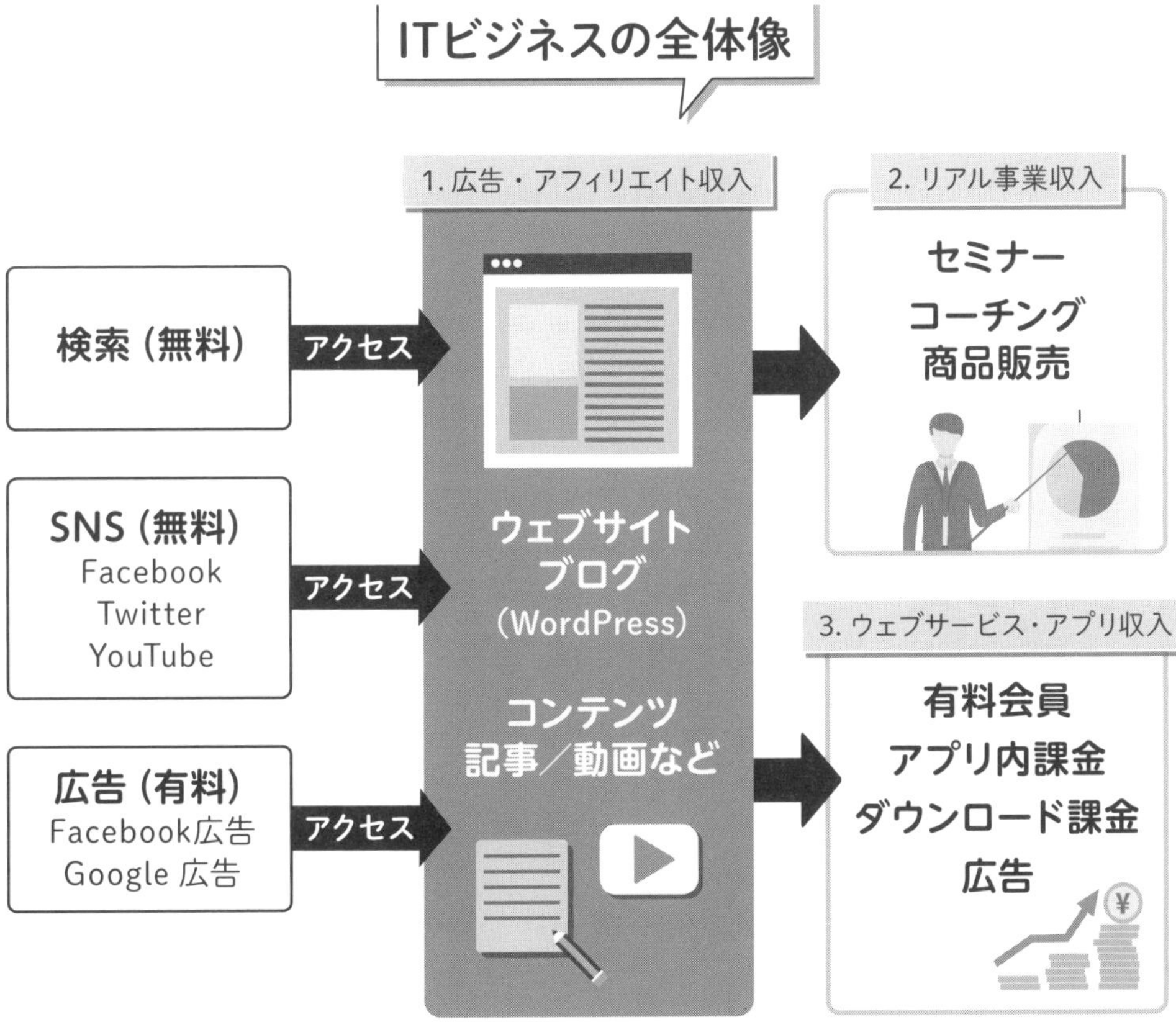

＊LeadPlus：フリーミアムについて理解しよう！　今更知らないと恥ずかしい基礎知識
▶https://www.leadplus.net/blog/study-about-freemium.html#close-modal

フリーランス・自営業の絶対条件

❶ 仕事を探す（嗅ぎ回る）
❷ 仕事を取る（成約させる）
❸ 仕事を終わらせる（納得させる）
❹ お金を回収する

これらを１人でやりきる能力と執念が不可欠です！

参考までに、一人前のプログラマーやウェブデザイナーになる道筋を左図に示しました。どのルートも時間もかかるしパワーもいるのが現実です。もし「自宅で稼げるようになる」ことだけが目的でしたら、中高年の皆さんにはもっとお勧めの目標があります。

仕事をもらいながら自宅で稼ぐ方法はいっぱいある！

自宅で稼ぐ方法は、ほかにもあります。前記の❶❷❸❹を、ほかの人がやってくれる環境を選ぶのです（もちろん取り分は減ります）。

1）在宅OKの会社、契約社員、アルバイト
2）定期的に仕事をくれる組織の下請けになる
3）スキルシェアサービス（ビザスク、ココナラ*など）の利用
4）ジョブマッチングサービス（クラウドワークス、ランサーズ**など）の利用

これらを調べたり体験してみると、かなり視野が開けてきます。しかし、これらを行うにしても「結局はIT力が必須だ」と実感されることでしょう。でもそのIT力とは、プログラミングやウェブデザインの力ではなく、「PCとインターネットの使い方」レベルの話なので安心してください。

但し、戦略なしにこれらを追求していくと、どうしても「単価が安くなる」のは避けられません。間に他の人や組織が入りますし、「あなたでなくてもできる」仕事が多いからです。では、単価を上げるにはどうすればよいのでしょうか？

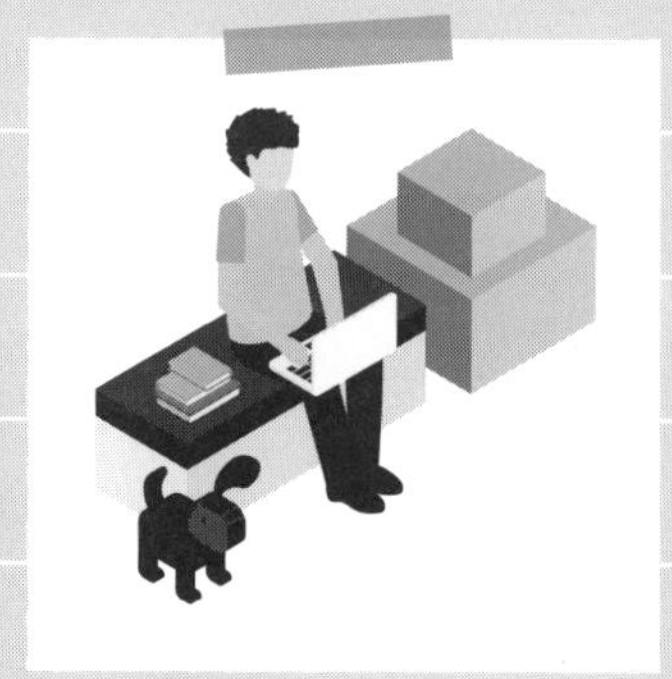

＊ビザスク▶https://visasq.co.jp/　ココナラ▶hhttps://coconala.com/
＊＊クラウドワークス▶https://crowdworks.co.jp/　ランサーズ▶https://www.lancers.jp/

column 06 ❶

自宅で稼げるようになるには?(1)

「ITやプログラミングを勉強したら、自宅で稼げるようになりますか?」このような質問を、中高年の方から頂くことが増えています。ここでは、中高年が今から「自宅で稼げるようになる方法」をご紹介します。

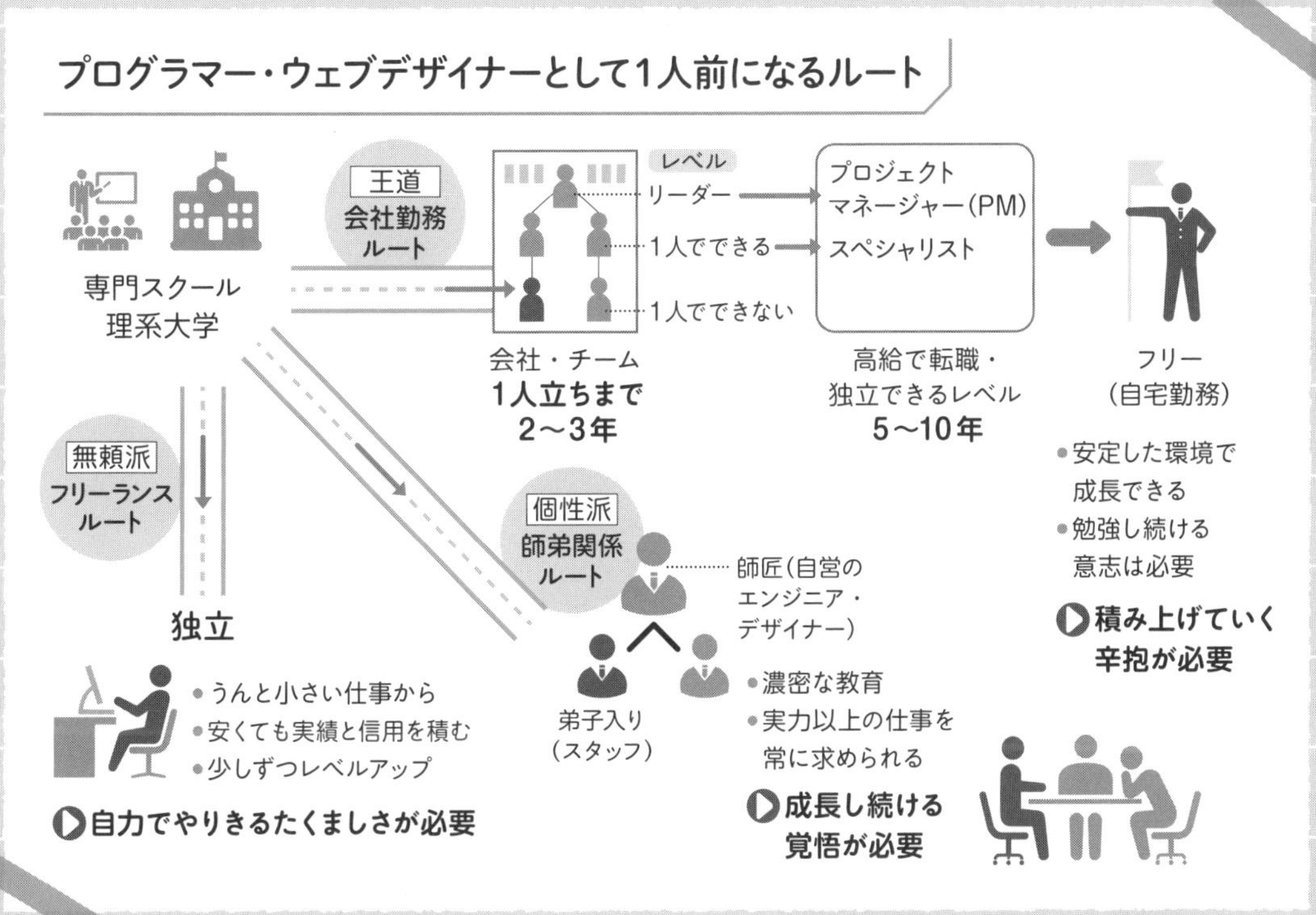

プログラマーやウェブデザイナーになるのは難しい

いきなり本書読者の夢を砕くようで恐縮ですが、未経験の中高年がプログラマーやウェブデザイナーになり、かつ自宅で稼げるようになるのは無理とは言いませんが「相当難しい」と言わざるをえません。若者(理系大学の新卒を含む)がこれらの養成スクールで学んでも、一人前になるまでには、一旦企業や開発チームに所属して「現場の指導を受けながら実務経験を積むこと」が必須です。2～3年の経験を積み、かつ相当頑張って「技術的にも」「ビジネスマンとしても」独り立ちすることが、自宅で稼ぐための絶対条件です。

ミングやデザインの本質を理解して、IT社会の変化に適応できる地力をつけることです。AIやブロックチェーンの技術的詳細は理解できなくても、その原理と社会的意義を把握し、あなたの過去の経験をビジネスや日常生活に活かそうという好奇心と実践力こそが、中高年にとってのIT力と考えます。

そのようなITと社会への好奇心を育てるために、プログラミングやウェブデザインを自分の手でいじって「作りたいものを作りながら学ぶ」ことが大きな意味を持ちます。また、「好きで稼ぐ」ことへの挑戦は、あなたが生涯成長できることを証明することにつながります。そのような人は、若い人だらけのスタートアップでも、年齢に関係なく「成長し続けるという価値観を持つ仲間」として大歓迎されること間違いありません。

また、スタートアップ企業では、信頼のおける中高年の管理職を特に「人事・経理・総務」などで必要としていることも指摘しておきます。

中高年女性（おばちゃん、失礼！）が若者の職場で頼りにされる安心感、をイメージしていただければわかりやすいでしょうか？

中高年のIT力によるバージョンアップ例

中高年のバージョンアップ例	中小企業	スタートアップ	税理士事務所
経理経験 ＋ IT力	経理業務のIT化（会計ソフト導入）	経理 ＋ 総務	帳簿作成事務 ＋ 総務
営業経験 ＋ IT力	顧客管理のIT化（CRM）	法人営業のIT化	営業戦略立案 ＋ ウェブマーケティング

column 06 ❷

自宅で稼げるようになるには？（2）

超人手不足を背景に、50 〜 70 歳の転職市場が出現する時代となりました。IT 力であなたをバージョンアップし、在宅勤務も可能にするとっておきの方法を解説します！

人生 100 年時代の中高年サバイバル方程式

「あなたの蓄積経験」×「IT力」×「小さい組織を狙う」

ズバリ、IT力であなたの蓄積経験を「リフォーム」ならぬ「バージョンアップ」して、それが魅力的に映る小さい組織を狙う、これが人生 100 年時代にお勧めのキャリア戦略です。

今、「50 〜 70 歳のための転職市場」が形成されつつあります。現在の人手不足に対応するためには、ロボットと外国人だけでは足りないのです。そしてこの転職市場は、これまでとは異なり、「マス対マス」ではなく「個対個」にカスタマイズされたものになると思っています。「中高年」の経歴、背景、ニーズ、そして個性が多岐にわたるため、1 対 1 のマッチング型式が適しているからです。

狙い目は、個人経営の事務所・士業、ITがさっぱりわからない高齢経営者の中小企業、若い人だらけのスタートアップ企業です。これらの組織は正社員を雇う力も不足がちで、深刻な人手不足に喘いでおり、柔軟な働き方を受け入れて人材を細かい単位で確保しようとしています。だから、仕事に慣れてくれば、自宅勤務も十分可能な状況なのです。こうした組織の「顧問」や「限定社員」になり、週 1 出社＆自宅勤務を複数社こなすことも夢ではないでしょう。

あなたを「バージョンアップ」する IT 力とは？

「ITによる中高年のバージョンアップ」を一言で言うと、「ITに適応して生涯成長し続けること」です。そして「あなたの今までの経験を最新の文脈でアップデートし、世代や文化を越えて伝えられるようにする」ことだと言えるでしょう。

それはプログラマーになることでも、ウェブデザイナーになることでもありません。プログラ

第7章

プログラミングの始め方

Point3 プログラミングの勉強方法

中高年の皆さんが、効率良く、そして楽しくプログラミングを学んでいくためのお勧めの手順を紹介します。

Point4 情報セキュリティについて

中高年の方がインターネットを始めるときに、心理的ハードルになっているのがセキュリティのリスクです。その全体像と管理方法を紹介します。

Point5 SNSのリスクについて

中高年の皆さんの貴重なご経験や見識を発信するためには、SNS とのつき合い方も学ぶ必要があります。炎上リスク等を理解し、上手で前向きな活用法を学びましょう。

7

プログラミングの始め方 5つのポイント

プログラミングとITビジネスの全体像がわかったところで、
さあ、いよいよプログラミングを始めましょう！　中高年にとっての
効率的な勉強方法や、気になるセキュリティについて解説します。

Point1 プログラミングを始める前に

プログラミングやウェブサイトについて学び始める前に、ＰＣやインターネットの基本的な使い方と構造をまずは理解しましょう。また、PCにも積極的に親しみましょう。

Point2 PCのスペックとノートパソコンの選び方

プログラミングを始めるにあたって最低限必要なパソコンのスペックと、CPU、メモリ、ハードディスクについて解説します。

7

01 プログラミングを始める前に

ITリテラシーをまず身につけよう！

プログラミングやウェブサイトについて学ぶ前に、中高年初心者の皆さんに最低限理解しておいていただきたいことがあります。それは、ＰＣやインターネットの基本的な使い方と構造です。

特に最近は全てを「スマホ」で済ませてしまう方が多く、若い世代に限らずＰＣに慣れていない方を非常に多く見受けます。

プログラミングやウェブサイトは、それらＩＴリテラシーの上に成り立っている仕組みです。使いさえすれば誰でも簡単に慣れることができますので、是非身につけておきましょう。

PCでインターネットを使ってみる

普段スマホで済ませているメールや検索、ネットでの買い物などを、ＰＣでもやってみましょう。細かい設定や登録作業、メールを書く作業などは、画面の広いＰＣの方がはるかに楽なことに気がつくでしょう。

◆まずは自宅でPCを開く

最近、自宅でＰＣを開く習慣のある人は驚くほど減っています。まずはＰＣの電源を入れて、インターネットにつなぐところから始めてみましょう。

◆メール

メールもＰＣ上で見てみると、色々な便利な機能があることに気が付きます。重要なメールと不必要なメールを仕分けできたり、よく使う文章を署名として保存できたりします。またＰＣは画面が広いので、返信が必要なメールを見落としにくいのも利点です。

◆ネット検索

ネット検索でもＰＣの画面の広さは威力を発揮します。自分の欲しい情報を効率良く発見できます。ま

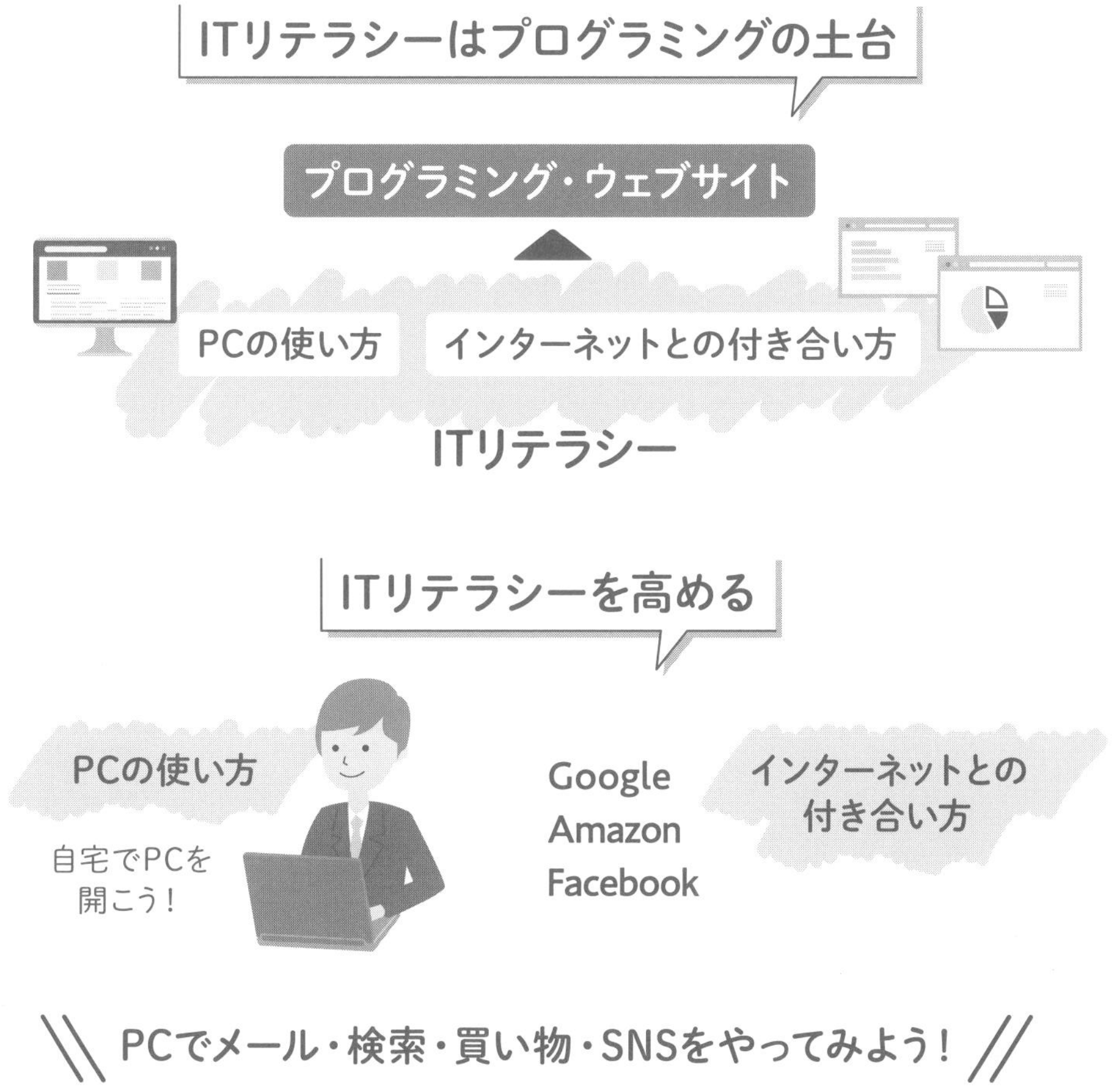

た、記録したいサイトをブックマークして整理する作業も、ＰＣなら落ち着いてやれます。

ＰＣでファイルを保存・整理する

スマホが苦手なことに、ワード（Word）やエクセル（Excel）で行う作業と、それらのファイルを整理して保存することがあります。

またネットからダウンロードした画像やアプリの整理も苦手です。

是非これらの作業をＰＣでできるようになって、スマホとＰＣの上手な使い分けができるようになってくださいね。

7

02 ＰＣのスペックとノートパソコンの選び方

ノートPCのスペック

筆者の中高年向けプログラミング教室の生徒さんが、真っ先にお聞きになる質問に以下のものがあります。

「私の古いPCで大丈夫？」
「どのノートPCを買えばいい？」
「Macじゃないとダメですか？」

ここではノートＰＣのスペックと選び方について触れておきましょう。

◆ＣＰＵ（プロセッサー）

ＣＰＵは「ＰＣの考える力」を表しており、処理速度を左右します。インテル社製のＣＰＵが一般的なので、次ページの図にそのスペックをご紹介します。

◆メモリ

ＰＣの「作業をする力」を表します。メモリの容量は、「同時に複数のアプリを立ち上げて作業をする力」と考えると良いでしょう。数字が多ければ多いほど能力は高まります。日々の作業性に影響する非常に大事な能力です。

◆ハードディスク（ストレージ）

「データを保存する力」を表します。容量が大きければ大きいほど、画像やファイルの保存場所に余裕があることになります。

最近は板状のＳＳＤタイプが主流です。円盤状のＨＤＤタイプよりも音が静か（カラカラいわない）で、ＰＣの「起動時間が短い」という大きな長所があります。値段もかなり下がってきています。

ノートPCの選び方

ざっくり言って3年以上経過した機種は、使い勝手を見ながら、買い替えを検討しても良いと思います。

プログラミングや一般的な事務仕事ではそれほど高いスペックは必要ありません。この前提で最低限必要

PCのスペック

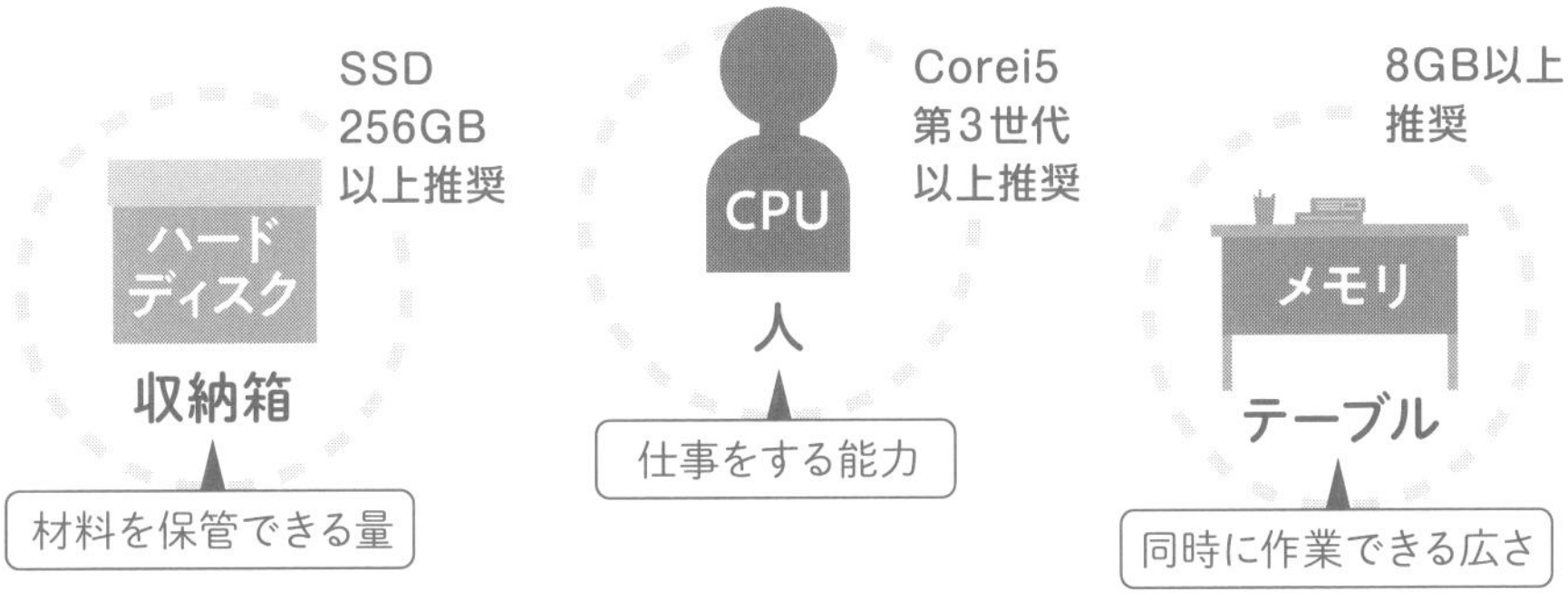

CPUについて*

● ブランド

以下のブランド順に性能が低くなっていきます。

高い ↑
- Core i7
- Core i5
- Core i3
- Pentium
- Celeron
- Atom

低い ↓

● 型番の末尾のアルファベット**

M：モバイル向け
U：ウルトラモバイル向け（超低消費電力CPU）
H, HK, HQ：上記M, Uよりも新しく高性能

モバイル向けのものはバッテリーをできるだけ長く持たせるために設計されているので、動作や処理能力面でハンデになる。

● 型番と世代**

ブランド名の後についている4桁の数字がCPUの世代を表します。数字が大きくなるほど新しい世代で、性能も高くなります。

8000番台（第8世代）、7000番台（第7世代）、6000番台（第6世代）、5000番台（第5世代）、4000番台（第4世代）、3000番台（第3世代）、2000番台（第2世代）

*インテル社製CPUの例　**Core iシリーズの例

なスペックをご紹介します。ただし、メモリはなるべく大きめの方が安心できます。

◆CPU
Core i5以上
第3世代以上

◆メモリ
ウィンドウズ10搭載PC：8GB（必須）
Mac：8GB

◆ハードディスク
SSDタイプ（必須）
250GB以上

　プログラミングはMacでもウィンドウズでも問題なく行うことができます。ITリテラシーの低いうちは初心者にもわかりやすいMacのほうをお勧めしています。

1

03

プログラミングの勉強方法

さあ、どうする？

本書をここまで読んでくださった中高年読者の皆さん、ありがとうございます！　皆さんは、以下のことを学び、理解してきたと言えます。

◆中高年がITを学ぶ意義
◆プログラミングの概要
◆必要な道具（ノートPC）
◆必要なITリテラシー

では、これから「どのようにプログラミングを学んでいけば良いのか」について述べていきますね。多くの中高年の方々との交流経験を踏まえてお伝えします。

写経して成功経験を積め！

まずできることとして、何か1冊の書籍を購入し、その内容を自分のPC上に書き写して動かす（写経）ことをお勧めします。その際に以下の点に注意してください。

◆環境設定の不要な書籍を選ぶ
◆単なる文法解説の書籍ではなく、小さなアプリや仕組みが動く書籍を選ぶ

この点では拙書『めくって♪　プログラミング』などがお勧めです。

また以下の点も大切です。

◆最初は内容を理解しようとせず、動かすことに集中すること
◆1冊の書籍を最低3回は繰り返し写経すること

最近の超初心者向けの書籍は、内容がとても充実していますので、3回写経して解説を読めばかなりのことがわかるでしょう。

作りたいものを作りながら学べ！

次の段階は、本書で解説した流れに沿って「作りたいものを作りながら」学ぶことです。

繰り返しになりますが、これが一番楽しいし、継続して学び続けていくことのできる方法と言えるでしょう。

ただし、注意点があります。

プログラミング勉強方法

書籍を1冊購入

- 環境設定の不要なもの
- 小さなアプリや仕組みが動くもの

写経して動かす

- 最低3回は繰り返す

信頼できる先生と継続できる環境を見つける

- 独学はほぼ無理
- 人間は三日坊主が普通です！
- 急がば回れ

小さなアプリを複数作る！

- とにかく1つ作ってみる
- 身の丈にあったものを！
- 複数作ることで慣れてくる

＼＼ 作りたいものを作りながら学ぼう！ ／／

◆信頼できる先生の元で行うこと

いくら自分の「作りたいもの」でも中高年の初心者がいきなり独力で挑戦するのには無理があります。

　費用や時間がかかったとしても、信頼できる先生あるいはテックガーデンスクール（TechGardenSchool）のような中高年の初心者でも受け入れてくれる環境を探しましょう。急がばまわれ、です。

◆大作に挑戦しないこと

　仕方のないことですが、皆さんはプロの作ったアプリしか見たことがありません。そのため、ついプロと同じようなものを作ろうとしがちです。

　アマチュアとして、身の丈にあった小さなものをまずは一つ作って成功体験と経験を積みましょう。

7

04 情報セキュリティについて

ネットは怖い？

中高年向けのプログラミング教室の生徒さんからは、

「ネットにつないだだけで何か悪いことが起こるのでは」
「乗っ取られたり、騙されるのが怖い」

という不安の声をたいへん多く聞きます。

「クレジットカード登録はしない」
「メルマガなどには一切登録しない」

という人も少なくありません。

確かにインターネットにはそういった側面もありますが、車の運転や海外旅行にもリスクはつきものです。しかも生命に関わるリスクです。

それでも皆さんが車を運転し、海外に出かけるのは、以下のことを「自分で」判断できるからだと思います。

◆リスクの内容
◆リスクを管理できるかどうか

ＩＴの分野も全く同じで、リスクを知り、それをできる範囲で管理することが大切です。

ウィルスの感染経路

最初に注意すべきは外部からのウィルス感染です（詳細次頁）。

◆怪しげなサイトにアクセスしない
◆送信元不明のメールを開かない（特に添付ファイル）

これらを心掛けることで、かなりのリスクを減らせます。さらに、市販のウィルス対策ソフトを導入すればより安心です。

また、グーグルクローム（Google Chrome）やジーメール（Gmail）には危ないサイトやメールをブロック

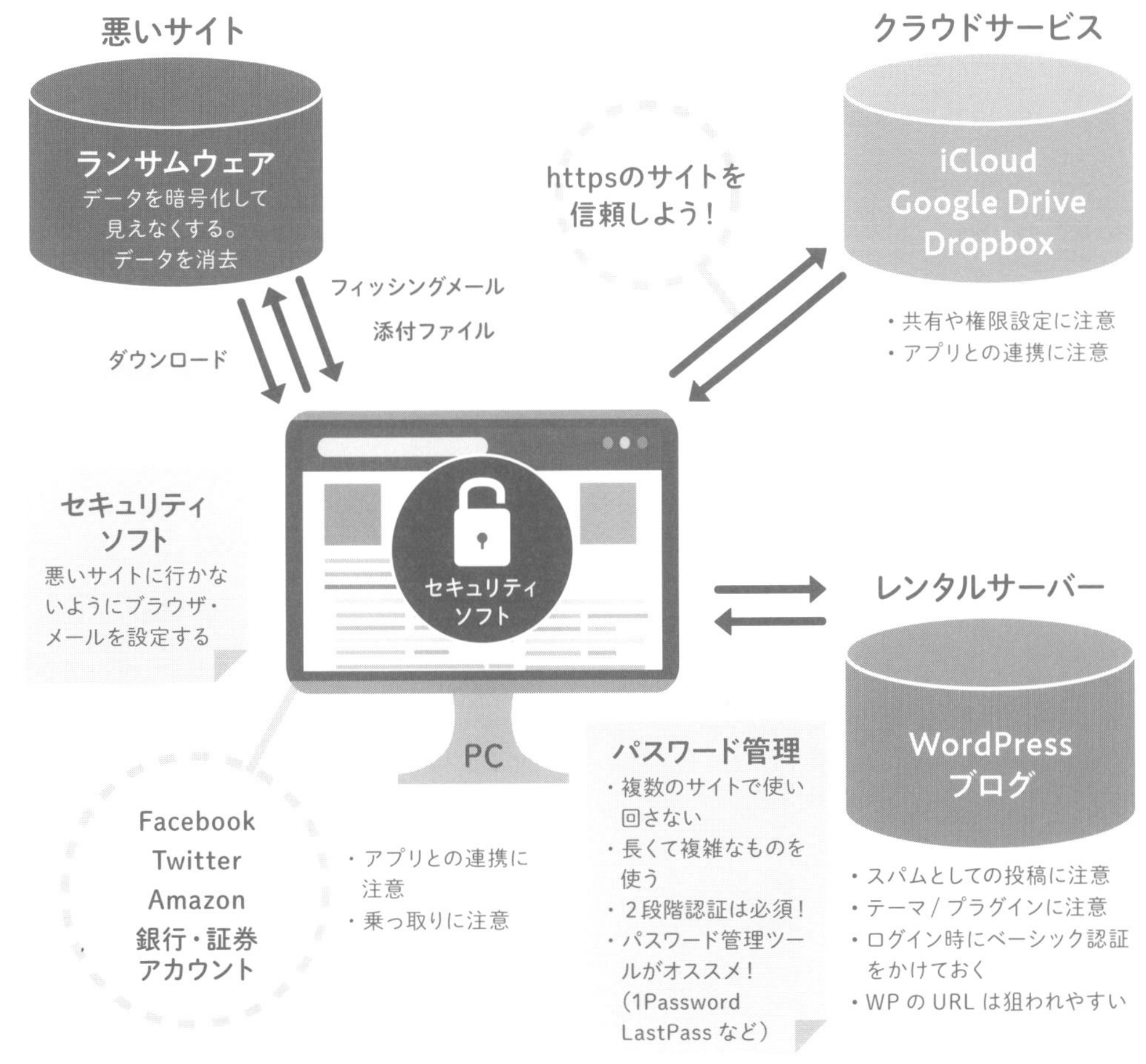

悪いサイト
ランサムウェア
データを暗号化して
見えなくする。
データを消去
ダウンロード
フィッシングメール
添付ファイル
httpsのサイトを
信頼しよう！
クラウドサービス
iCloud
Google Drive
Dropbox
・共有や権限設定に注意
・アプリとの連携に注意
セキュリティ
ソフト
悪いサイトに行かな
いようにブラウザ・
メールを設定する
セキュリティ
ソフト
PC
レンタルサーバー
WordPress
ブログ
・スパムとしての投稿に注意
・テーマ／プラグインに注意
・ログイン時にベーシック認証
をかけておく
・WP の URL は狙われやすい
パスワード管理
・複数のサイトで使い
回さない
・長くて複雑なものを
使う
・２段階認証は必須！
・パスワード管理ツー
ルがオススメ！
（1Password
LastPass など）
Facebook
Twitter
Amazon
銀行・証券
アカウント
・アプリとの連携に
注意
・乗っ取りに注意

する学習機能がついていますので、これらの利用もお勧めです。

情報漏えいや アカウント乗っ取り

次に注意すべきなのが、クラウドサービス上に保管したクレジットカードを含むあなたの情報が漏洩したり、SNSのアカウントなどが乗っ取られることです。以下これらの対策を示します。

◆パスワード

パスワードは長くて複雑なものを使用し、複数のサイトで使い回さないようにしてください。「パスワード管理ツール」の導入も検討されると良いでしょう。

◆2段階認証の導入

グーグル（Google）、フェイスブック（Facebook）、アマゾン（Amazon）

など主要なサービスではログインする際の2段階認証が設定できます。慣れれば簡単ですので、必ず設定するようにしてください。

◆信頼できないアプリとは連携しない

フェイスブックなどと連携するアプリをインストールすると、知らない間に個人情報へのアクセスを許諾していることがありますので注意しましょう。

◆ワイファイ（Wi-Fi）は自前のものを使う

外出先での公衆ワイファイや店舗のワイファイにはセキュリティが甘いものもあるかもしれません。大切な作業をする際は自前のワイファイを使うと安心です。悪意のある人が公衆ワイファイをかたって情報を盗む可能性もありますので注意が必要です。

◆HTTPSのサイトを信頼する

最近ではサイト間の情報の内容を暗号化して通信するSSL技術を使ったHTTPSのサイトを使うことが強く推奨されています。

7

05 SNSのリスクについて

ネットの悪意が怖い

前節同様、中高年の方々からは、次のような不安の声もお聞きします。

「ブログを書いたら炎上しない？」

「フェイスブックを実名でやるのが怖い」

「ツイッター（Twitter）などでネガティブな反応をされるのでは」

折角、ブログやウェブサイトを立ち上げもて、こうした不安が活動にブレーキをかけてしまうのです。社会に対して価値のある情報を発信しようとしているのに非常にもったいないことです。

こういった不安についても正しくリスクの内容を把握し、コントロールする術を学ぶことが大切です。

SNS

フェイスブックなどのSNSでの「いいね！」や「写真などの投稿」は、原則としては友達との限定的なコミュニケーション手段ですが、その友達から拡散する可能性もあります。

◆SNSでの投稿は不特定多数に公開されるリスクがある

◆公になっても問題のない内容を投稿する

この２つを心がけましょう。以下のことでかなりのリスクを減らせます。

◆ネガティブ・批判的な内容、読んだ人が嫌な気分になる可能性のある内容は避ける

◆承諾がない限り、人物の写真の投稿は避ける

ブログ

個人的な日記や個人の意見などを投稿する場合の注意点はSNSと同

じですが、さらに以下の点に注意しましょう。

◆客観的事実や出典が明らかな内容に基づいた記事が無難

初めのうちは、ニュースや書籍、他のブログ記事などに基づいたいわゆる「紹介記事」から始めるのが良く、その紹介部分と個人の感想は明確に分けて記述し、ポジティブなコメントを書くのが無難です。

◆著作権などの法遵守

ブログに掲載する写真は自分自身で撮影したものか、フリー素材サイトから入手したものだけを使用します。また、他のブログ記事やニュースを引用する際は、出典を必ず掲載しましょう。

健康関連、株式投資など資格をもった人でないと法的に言及できない内容にも十分注意してください。

◆リアルの世界でやらないことはネットでもしない

気にし始めるとキリがありませんが、リアルの世界でやらないことはネットでもしない、ということを一つの基準にしてみてはいかがでしょうか。

◆読み手や社会のためになる善意の内容の発信を心がけ、

◆相手の立場やビジネスを尊重して、

思いやりの心を持ってコミュニケーションしましょう。

情報セキュリティ まとめ

受信／閲覧

	ウェブ・ブログ	メール・メルマガ	SNS	ネット接続
リスク	悪いサイト	●ウイルス・マルウェア ●フィッシングメール ●迷惑メール・スパム ●メルマガによる勧誘	●アプリ連携する際に個人情報へのアクセスを許可してしまう ●アカウント作成だけでもマーケティングにさらされるケースもある	●Free(公共)WiFiに注意
対策	● Google Chromeの使用 ● セキュリティソフト導入 ● OSの更新 ● WordPressの更新	● Gmailの使用 ● セキュリティソフト導入 ● 不明なメールの添付ファイル・リンクを押さない ● 不明なダウンロードや申し込みボタンを押さない	● アプリ連携などの際に個人情報へのアクセスをむやみに許可しない ● 自分が信頼できないSNSアカウントは作成しない	● FreeWiFiを使うときは使用内容に注意する（銀行関係は使わないなど） ● 自前のWiFiを用意する

発信

	ウェブ・ブログ	メール・メルマガ	SNS	ネット接続
リスク	● 法的リスク（著作権、健康関連、資格） ● 炎上リスク	● 宛先の誤送信 ● 個人情報・メアドの漏洩	● いいね！／シェア／友達／コメントなどは企業のマーケティングの対象となる ● 投稿により自分の行動内容が知られ不利益になる	同上
対策	● 弁護士と相談する ● 出典が明らかな客観的事実に徹する ● 専門的記述と個人の感想は分ける	● 個人情報はメールではなるべく送らない ● 個人情報送信時のパスワードを送信するルートはメールではなく別のルートにする ● USBメモリなどは使わない ● グループウェア クラウドサービスなどを活用する	● SNSはオープンな場であることを意識する ● 悪いこと・ネガティブなこと・誰かが不快に感じる可能性のある投稿はしない	同上

読み手や社会のためになる善意の内容の発信を！
リアルの世界でやらないことはネットでもしない

ブロックチェーンはインフラ

ブロックチェーンはインターネット通信を使ったインフラであり、「基盤技術」の一種です。そのインフラの上で、様々な業界ごとに、データやアプリケーションの共有システムを構築し、その機能をサービスの形で利用者へ提供します。ビットコインは仮想通貨の分野で開発されたアプリケーションの一つに過ぎず、ほかにも多くの適用分野がブロックチェーンにはあります。

ブロックチェーンは基盤技術であり、インフラである

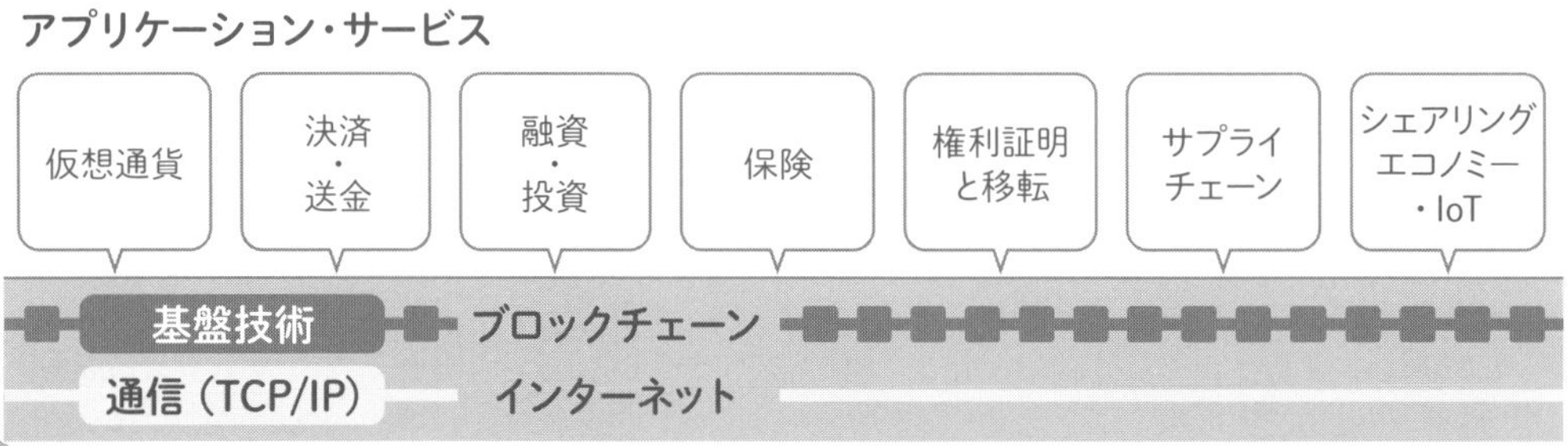

出典：中村誠吾・中越恭平著『ブロックチェーンシステム設計』リックテレコム刊

金融業界を例にとると…

金融業界でブロックチェーンを使う例を考えてみましょう。ブロックチェーン上ではすべての取引台帳の信頼性が担保され、安全に共有されているので、様々なプレーヤーが同じプラットフォームを使う事が可能です。下図の例では、本来競合関係にある「銀行A」と「銀行B」が同じブロックチェーン上に共存しています。

ブロックチェーンを使ったFinTechの例

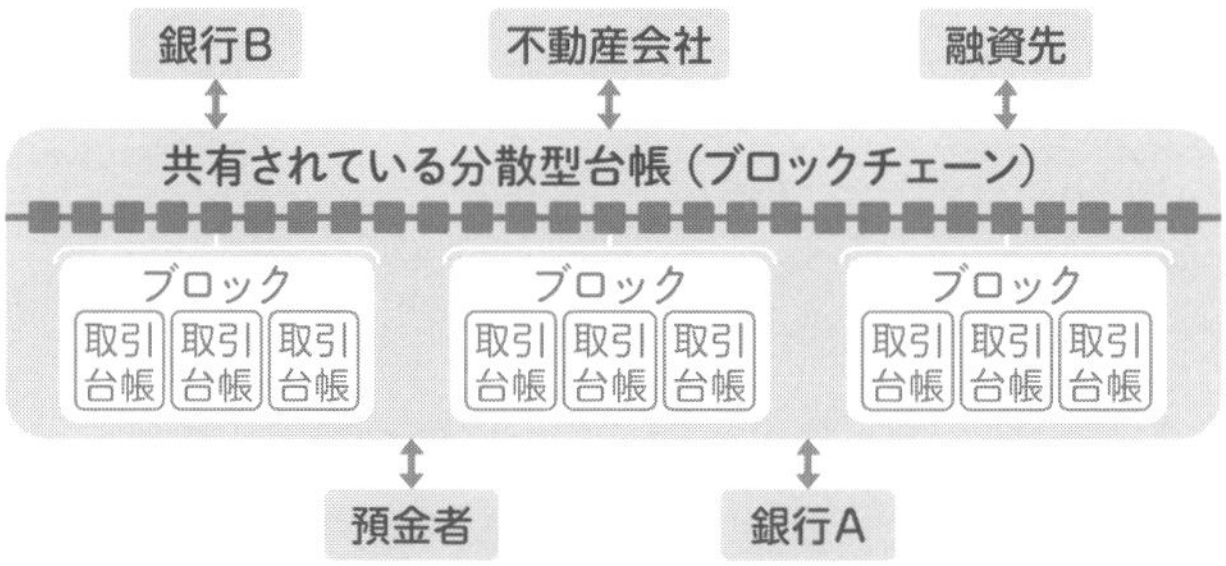

column 07 ①

ブロックチェーンとは？（1）

中高年の皆さんが、とても気になっているけれど、とてもわかりにくい「ブロックチェーン」について解説します。「ブロックチェーン＝仮想通貨」ではないことを理解しましょう！

ブロックチェーンを一言で言うと……

**「複数の参加者同士が同じデータを共有し、
参加者同士の直接取引を実現するための基盤技術」**

と言えます。

ピア・ツー・ピア（P2P）型のネットワーク

中央の管理者や中継ぎ役を置かずに、参加者同士が直接やりとりするネットワーク形態を「ピア・ツー・ピア（P2P）型」と言います。ブロックチェーンではデータを共有するために、この形態を使います。従来のクライアント・サーバー型をはじめとする中央集権的なHUB＆スポーク型やツリー階層型のネットワークとは異なり、参加者同士が平等の立場で、データやシステムを分散管理します。

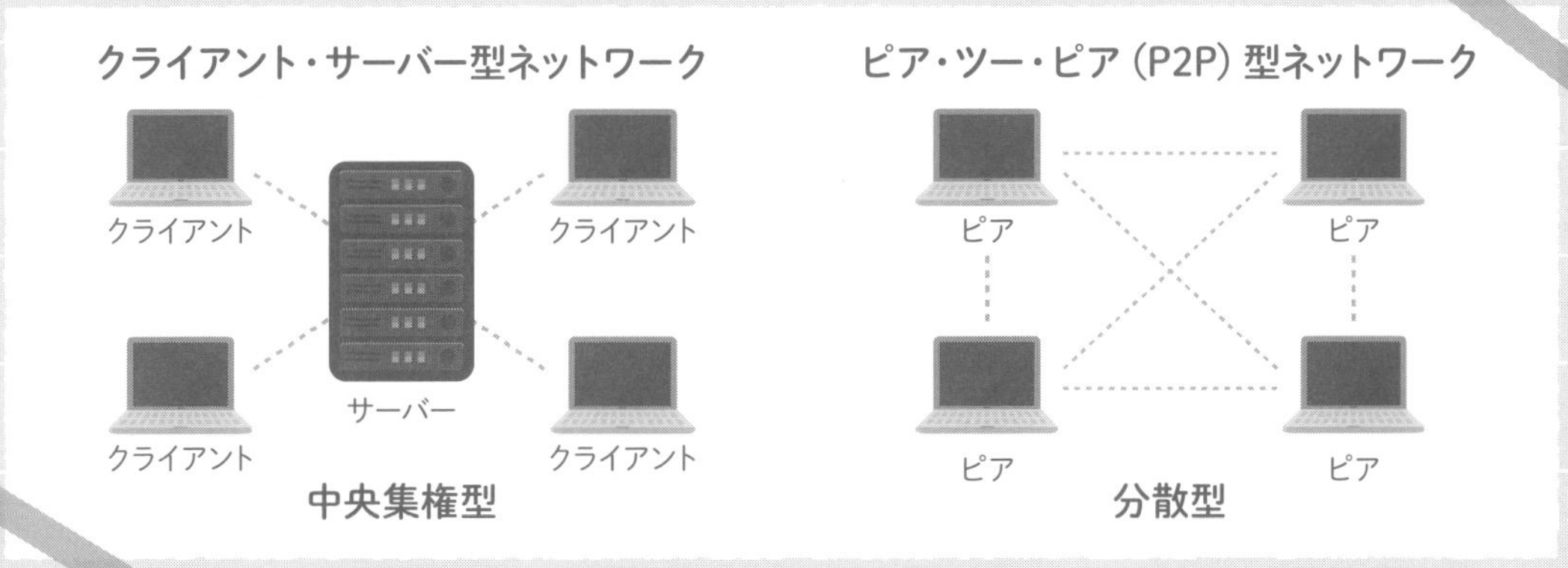

出典：赤羽喜治・愛敬真生著『ブロックチェーン仕組みと理論』リックテレコム刊

ブロックの追加と承認の仕組み

新しいブロックを追加・承認する仕組みは複雑ですが、ここでビットコインを例に、できるだけ簡単に解説しておきましょう。

個々のブロックは、複数の取引台帳を含んでおり、1つ前のブロックの取引台帳を暗号化（ハッシュ化）したものも含んでいます。

ブロックを追加できるのは、新しい取引台帳を含むデータをハッシュ化して、ナンス値を使った複雑な計算を、最初に完了した参加者です。また、その参加者は、ブロックが追加される際に報酬を受け取ることもできます（この計算作業を行うことを「マイニング」と呼びます）。

ブロックが追加されると、新しい取引台帳が参加者全員によって共有されます。参加者がそのハッシュ値同士を比較し、同一であることを確認することで、その取引が参加者全員によって承認され、正式にブロックチェーン上に「記録」されるのです。この追加・承認プロセスこそ、ブロックチェーンが分散型管理と呼ばれる所以です。中央銀行のような、承認を独占する管理者がいないことがわかります。

また、ビットコインのように、誰でもマイニングに参加できる仕組みを「パブリック型」と呼びます。一方、参加者を限定し、報酬について任意とする仕組みを「プライベート型」と呼びます。金融業界や物流業界等のプラットフォームは通常、特定のプレイヤーしか参加できないプライベート型で設計されます。

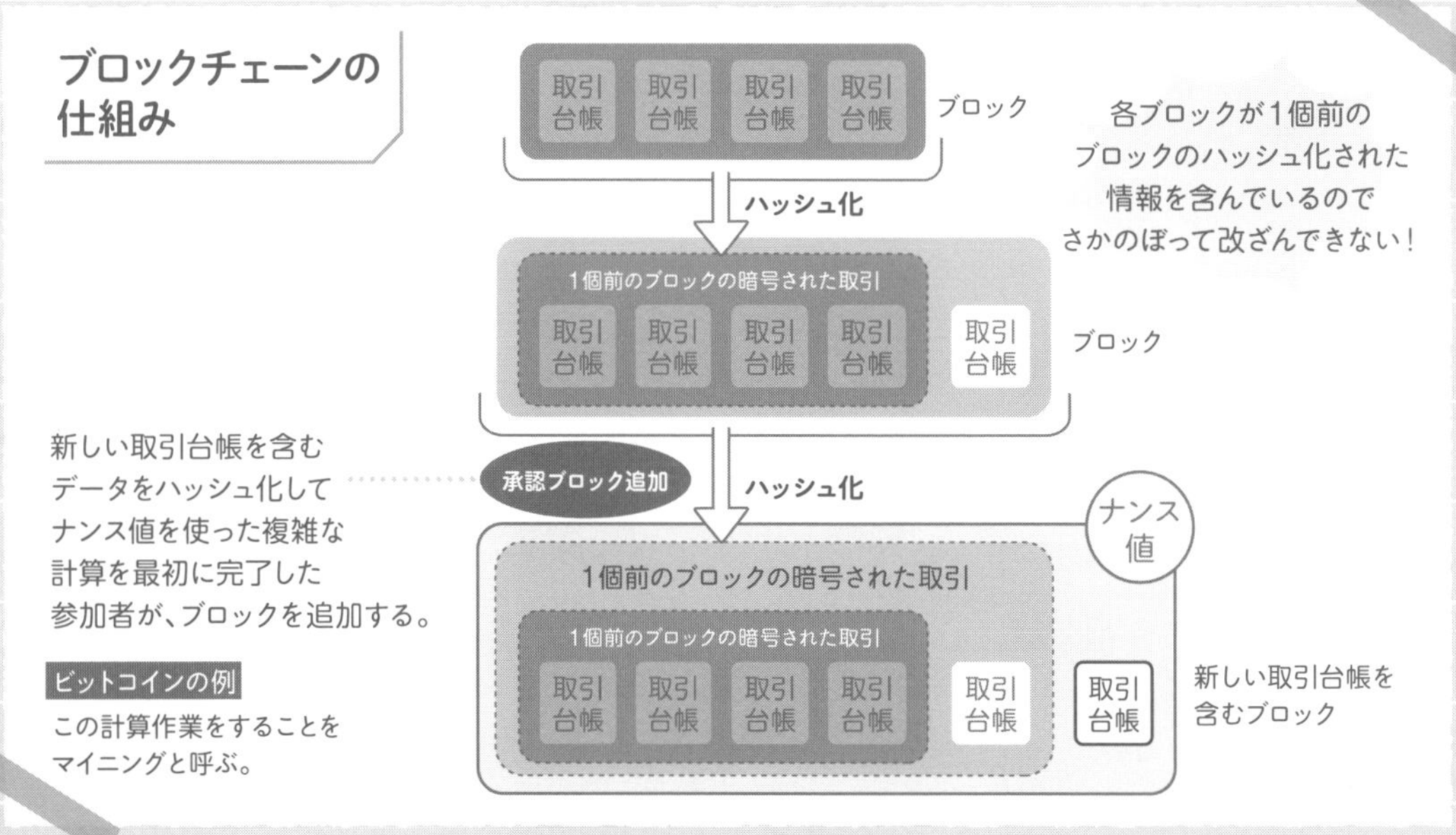

column 07 ❷

ブロックチェーンとは？（2）

ブロックチェーンが、今後重要な社会インフラとなる基盤技術であることがわかったところで、その技術的特長をもう少し詳しく見てみましょう。

ブロックチェーン：３つの技術

❶スマートコントラクト（自動で行われる契約管理）

通常のビジネスでは、契約の事実の証明やその内容の履行を、弁護士等の第三者に行ってもらいますが、ブロックチェーン上では、そのような契約の締結・履行・管理機能をプログラミングによって持たせることができます。このデジタル形式で記録された当事者間の約束事を、実行するためのアルゴリズムを「スマートコントラクト」と呼びます。

これにより、取引情報や条件を当事者間で共有し、条件が満たされた（Inputされた）ときに自動で権利を移転したり、サービスを実行させる（Outputさせる）ことが可能になります。最近では、IoT技術と組み合わせたカーシェアリング等への応用も検討されています。各業界で使用するスマートコントラクトの開発にプログラミングが必要になる、というイメージです。

第２章１節のIoT農場の事例で見た、データをInputし、プログラミングによる処理結果をOutputする流れと同じですね。

IoTとブロックチェーンによるスマートコントラクトのイメージ

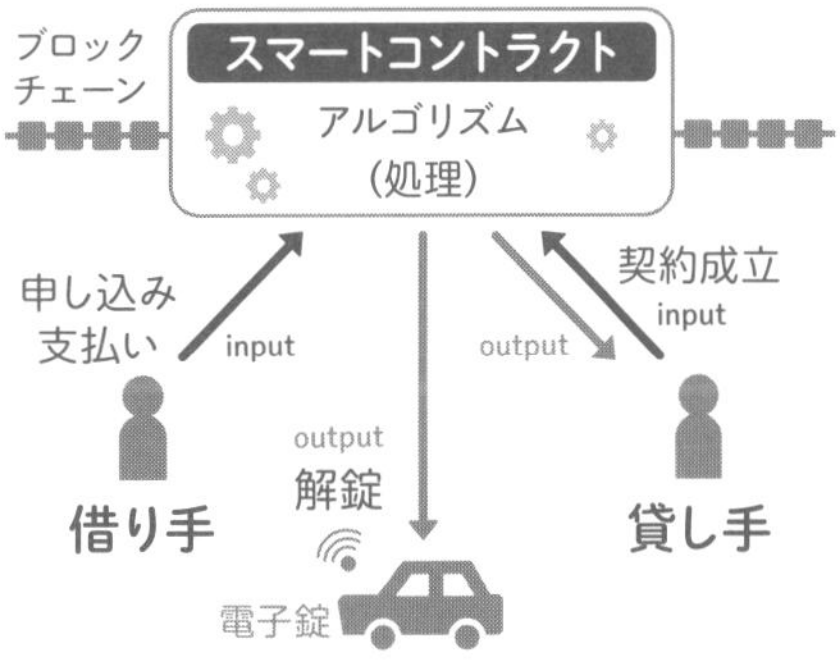

例：カーシェアリングでの契約イメージ

❷電子署名とハッシュ*による取引の暗号化

❸コンセンサスアルゴリズム（ブロック追加のための複雑な承認ロジック）

この２つの技術が、**高いセキュリティと信頼性**を担保します。ブロックチェーンによる取引記録は改ざんがほぼ不可能で、なりすましが困難です。また個々のブロックは、複数の取引について日時や内容を全て記録した台帳であり、容易に過去の取引を遡れる高い追跡性（トレーサビリティ）を持っています。

＊電子データから生成される不可逆な値で、改ざん防止のための暗号として使われる。ハッシュを生成するための関数を「ハッシュ関数」と呼ぶ。

あとがき ——「わかりやすさ」と「知りたい気持ち」のあいだで

ここまでお読みいただき、いかがだったでしょうか？　正直、「なんとなくわかった」という気持ちと、「全然わからない」という気持ちが入り混じっている方も多いのではないでしょうか。「目の前の霧が少しだけ晴れてきた」「ほんの少し光が差して前が見えるようになった」とお感じになっていただけたなら、それで十分だと思っています。

筆者の運営している「中高年のためのプログラミング教室」に通う生徒さんは、実際に手を動かしながら学び、エンジニアの先生方の生の声に触れていますが、ＩＴやプログラミングの全体像が見えてくるまでには、最低半年から1年くらいかかるのが現実です。それでも、先が見えないモヤモヤを抱え続けたり、闇雲にプログラミングの勉強を始めて挫折したりするより、最初に全体像を知っておくことが特に中高年の方々には不可欠と思い、本書を執筆した次第です。いわば、ＩＴやプログラミングに対して中高年の方々が抱く疑問や不安を「できる限り事前に解決しておく」ことが本書の目的です。

拙書『教えて♪　プログラミング』（リックテレコム刊）では、「わかりやすさ」を重視し、プログラムコードを一切使わずにプログラミングの原理を解説しました。ですが、中高年の方々の疑問や不安の元は、もっと広い範囲にわたっていることが、多くの生徒さんたちと接するうちにわかってきました。

◈ワードプレス（WordPress）って何？
◈人工知能やブロックチェーンが気になる
◈グーグルアナリスティクス（Google Analytics）って何のためのものなの？
◈プログラミングで稼げるようになるの？

などなど、単に分岐や繰り返しなどといったプログラミングの基礎をわかりやすくお教えするだけでは、彼らの「知りたい気持ち」を満たして安心して勉強に取り組んでもらうには不十分だったのです。

かといって、ＩＢＭワトソン（IBM Watson）を使って人工知能のアプリを本格的に学びたい」ということではありません。自分にとってどのような関係があるものなのかを「とりあえず知りたい」という要求が強いように思います。それに加えて、「自分がプログラミングを学ぶ意味」を理解し、プログラミングを勉強して一体どうなるのか？　という「勉強の先の出口イメージ」を持つ、ということが中高年の方々には特に重要だということがわかってきました。

そこで本書は、以下のことを目指して執筆しました。

◆中高年が知りたいトピックは、分野を越えて可能な限りカバーする
◆最低限知ってほしい基本的事項は、喩え話と図で「わかりやすく」示す
◆人工知能やブロックチェーンなどの最新技術を、見開きのコラムに短くまとめる
◆中高年のキャリアや収益化についてもリアルにまとめる

こうしてみると「われながら無謀な挑戦をしたものだ」と呆れる一方で、「わが意を得たり」「よく書いてくれた」と仰ってくれる読者の方も多いに違いない、と勝手に期待を膨らませています。

このような背景から、本書は「わかりやすさ」と「知りたい気持ち」という矛盾する2つの両立に加えて、「勉強する意味と出口を示す」ことにも挑戦しています。その挑戦はとても楽しいものでしたが、読者の中には、本書の構成に混乱した方もいらっしゃるかもしれません。それもこれも筆者が実力不足を顧みず、無理な横車を押した結果です。

まだまだ道半ば、かつ未熟ではありますが、今後もＩＴやプログラミングに挑戦する中高年の方々の裾野拡大に尽力していきたい所存です。筆者が超初心者向けのプログラミング教育を開始してから約8年になりますが、その教育現場から得られた知見を本書には全て詰め込んだつもりです。

このような内容の書籍の出版にご尽力、ご協力いただきましたリックテレコム社の蒲生達佳氏、松本昭彦氏には大変感謝いたします。また、テックガーデンスクールの創立当初より講師として大変お世話になっている中田稔先生をはじめ、井上研一先生、喜田光昭先生、近藤弘晃先生には、本書へ多大なアドバイスをいただきました。厚く御礼申し上げます。

最後に読者の皆様、本書にお付き合いいただいたこと、重ねて感謝いたします。いつでもお気軽にご質問やコメントを筆者のメールアドレスにお送りください。可能な限りお答えしたいと思っておりますし、いつかどこかでお会いできれば大変嬉しく思います。

二〇一九年五月　著　者

索引

●著者プロフィール

高橋与志（たかはし よし）

TechGardenSchool代表

1967年東京生まれ。慶應義塾大学理工学部大学院修士課程卒業後、米国メーカーの研究所、英国日用品メーカーの製品開発職、日本メーカーの研究所所長を歴任。英国と米国に長期駐在後、2011年にIT初心者向けプログラミングスクール「Club86 Startup School」を設立。その後中高年・シニア向けに特化した教育手法とカリキュラムを開発し、2016年より「中高年のためのプログラミング教室」を開始。

グロービス・マネジメント・スクール（現グロービス経営大学院）を経て英国国立レスター大学MBA取得。慶應義塾大学政策メディア研究科後期博士課程中途退学。日本将棋連盟公認普及指導員。

著書に『「好きなことで稼ぐ」人生の始め方』（2010年 Darumagic出版刊）、『教えて♪プログラミング』（2016年 リックテレコム刊）、『めくって♪　プログラミング』（2018年 リックテレコム刊）がある。

TechGardenSchool《テックガーデンスクール》とは？

Club86 School&Companyが運営する「中高年のためのプログラミング教室」です。ITにまったく触れたことのない中高年・シニアでも、やさしく楽しく学べるようにデザインされており、人生100年時代に「好きで稼ぐ！」中高年を増やすことを目的にしています。

Webサイト：https://techgardenschool.com/

問い合わせ先：info@techgardenschool.com　電話：080-4364-8185

図解《ずかい》 50代《だい》からのプログラミング

――未開《みかい》の能力《のうりょく》を発掘《はっくつ》♪――

2019年6月28日　第1版　第1刷発行

著　　者　高橋《たかはし》 与志《よし》
発 行 者　新関卓哉
企画担当　蒲生達佳
編集担当　松本昭彦
発 行 所　株式会社リックテレコム
〒113-0034　東京都文京区湯島3-7-7
振替　00160-0-133646
電話　03-3834-8380　書籍営業部
　　　03-3834-8427　書籍出版部
URL　http://www.ric.co.jp/

装　　丁　長久雅行
本文デザイン　西野真理子（株式会社ワード）
編集協力・組版　株式会社ワード
印刷・製本　シナノ印刷株式会社

●訂正等
本書の記載内容には万全を期しておりますが、万一誤りや情報内容の変更が生じた場合には、当社ホームページの正誤表サイトに掲載しますので、下記よりご確認下さい。
＊正誤表サイトURL
http://www.ric.co.jp/book/seigo_list.html

●本書に関するご質問
本書の内容等についてのお尋ねは、下記の「読者お問い合わせサイト」にて受け付けております。

また、回答に万全を期すため、電話によるご質問にはお答えできませんのでご了承下さい。
＊読者お問い合わせサイトURL
http://www.ric.co.jp/book-q

●その他のお問い合わせは、弊社サイト「BOOKS」のトップページ http://www.ric.co.jp/book/index.html 内の左側にある「問い合わせ先」リンク、またはFAX：03-3834-8043にて承ります。
●乱丁・落丁本はお取り替え致します。

ISBN978-4-86594-131-9　Printed in Japan